陈吉宝　著

浅谈生物化学专业在实践教学过程中存在的问题和改革

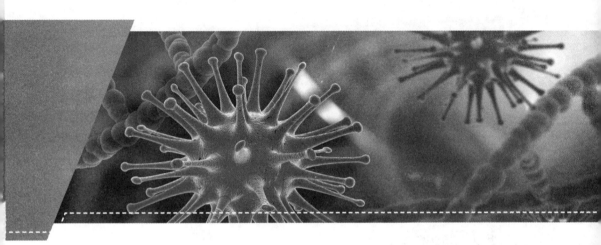

U0189943

中国海洋大学出版社

·青岛·

图书在版编目（ＣＩＰ）数据

浅谈生物化学专业在实践教学过程中存在的问题和改革 / 陈吉宝著 . —青岛： 中国海洋大学出版社 , 2018.9
ISBN 978-7-5670-1939-3

Ⅰ . ①浅… Ⅱ . ①陈… Ⅲ . ①生物化学—教学研究
Ⅳ . ① Q5

中国版本图书馆 CIP 数据核字 (2018) 第 191089 号

浅谈生物化学专业在实践教学过程中存在的问题和改革

出 版 人	杨立敏
出版发行	中国海洋大学出版社有限公司
社　　址	青岛市香港东路 23 号　　邮政编码　266071
网　　址	http：//www.ouc-press.com
责任编辑	姜佳君　　　　　　　电　话　0532-85901984
电子邮箱	j.jiajun@outlook.com
图片统筹	河北优盛文化传播有限公司
装帧设计	河北优盛文化传播有限公司
印　　制	定州启航印刷有限公司
版　　次	2019 年 4 月第 1 版
印　　次	2019 年 4 月第 1 次印刷
成品尺寸	170mm×240mm　　　　印　张　11.5
字　　数	206 千　　　　　　　　印　数　1~1000
书　　号	ISBN 978-7-5670-1939-3　定　价　43.00 元
订购电话	0532-82032573（传真）　18133833353

发现印刷质量问题，请致电 18133833353 进行调换。

前　言

近年来，国家大力推动高等院校教育体制改革，引导部分普通高校向应用方向转型，各地高校也纷纷建立应用专业，专门培养能够面向社会和市场的应用型人才。生物化学专业与生产实践的相关性极为密切，作为应用型专业开展教学更能顺应市场的需要和社会的发展。21世纪是生物学的世纪，生物化学作为连接生物学与化学、医学、科学研究、工业生产等诸多领域的重要基础学科，不仅关系上游基础学科高新科技的进展和中间学科的发展，而且影响下游生产技术的进步和工业生产的日常运行。生物化学专业兼具生物与化学两个学科的特点，具有极强的社会应用性，各类成熟的生物化学技术已经渗透到新旧工业体系之中，极大地影响了人们的日常生活。

实践教学是指借助一定的教学手段，通过实践活动的形式进行的有目标、有主题的教学活动，以培养学生的岗位综合能力、职业技能、专业知识和职业道德的过程。开展生物化学专业的实践教学有两方面的含义：一方面是培养科研能力强、专业水平高的科研人才，能够攻坚克难，能够在实际生产过程中不断突破技术瓶颈，实现技术革新；另一方面是培养一批具备专业知识的高素质生物化学产业技术人员，以满足21世纪急速增长的社会需求。实践教学是实践能力培养的重要途径，高等学校要实现其人才培养目标，就必须在抓好理论教学的同时，抓好实践教学。

本书通过对各高校生物化学专业的实践教学过程进行研究，旨在发现生物化学专业实践教学过程中普遍存在的问题，并提出有针对性的解决意见，切实提高生物化学专业的实践教学效果。第一章主要介绍了生物化学专业的发展概况，分析了生物化学专业的未来发展前景；第二章主要对实践教学及其体系进行介绍，并概括了实践教学体系构建的主要方法；第三章分析了生物化学专业实践教学实施面临的困难和现行办法；第四章、第五章主要分析基于网络技术和在线课程进行实践教学的具体办法；第六章针对生物化学的新媒体教学进行研究，探索生物化学专业实践教学的新思路；第七章研究基于行动导向理念的生物化学专业实践教学方法。希望本书成书后能够为各位研究生物化学实践教学的同好们提供一些建议。

在此对成书过程中提供帮助的各位专家、学者表示感谢。因水平有限，书中难免存在不足之处，敬请读者朋友批评指正。

陈吉宝

2018 年 4 月

目　录

第一章　生物化学专业的学科特点

21世纪是生物学的世纪，生物化学作为连接生物学与化学、医学、科学研究、工业生产等诸多领域的重要基础学科，不仅关系到上游基础学科高新科技的进展和中间学科的发展，而且影响到下游生产技术的进步和工业生产的日常运行。

本章主要分析生物化学专业的学科特点，从生物化学学科的形成、生物化学的发展简史、生物化学与周边学科的关系，以及未来生物化学的应用进展四个方面，对生物化学专业学什么、生物化学专业应如何学、生物化学专业为何要引入实践教学三个问题进行探讨。

第一节　生物化学学科的形成

一、生物化学概念的形成

生物化学（Biochemistry）是研究生命化学的科学，是一门在分子水平上研究生物体内基本物质的化学组成和生命活动过程中化学变化规律与生命本质的科学。

生物化学首先是对生命物质的组成成分、性质和含量以及结构与功能的研究。生物体各种组织的化学组成，是生命活动的物质基础，属于生物化学基础研究工作，通常被称为静态生物化学。在此基础上，继续深入研究维持生命活动的化学反应，研究生命物质在体内的代谢变化，以及酶、维生素、激素等在代谢中的作用。由于代谢处于动态平衡中，因此这一研究层面称为动态生物化学。随着研究的深入，对生命现象和本质有了更深入的了解，认识到体内物质代谢主要在细胞内进行。不同类别的细胞构成了不同的组织和器官，并赋予组织和器官不同的生理功能。研究生物分子、亚细胞、细胞、组织和器官的结构与功能的关系，从一个完整的生物机体的角度来研究其体内的化学及化学变化即功能生物化学。生物化学的发展是从对生物体物质组成的了解到这些物质在生命活动中的代谢的研究，进而研究物质代谢反应与生理功能之间的关系的过程。

20 世纪下半叶以来，现代科学技术迅猛发展，生物化学发展的显著特征是分子生物学的崛起。1953 年 J. D. Watson 和 F. H. C. Crick 提出了 DNA 双螺旋结构模型，是生物化学发展进入分子生物学时代的重要标志。此后，对 DNA 的复制机制、RNA 的转录及蛋白质合成过程进行了深入的研究，提出了遗传信息传递的中心法则。20 世纪 70 年代初，随着限制性核酸内切酶的发现和 DNA 分子杂交技术的建立，基因工程学得到发展。1972 年 P. Berg 首次将不同的 DNA 片段连接起来，并将这个重组的 DNA 分子有效地插入细菌细胞中进行繁殖，于是产生了重组的 DNA 克隆。1976 年 Y. W. Kan 等应用 DNA 实验技术就胎儿羊水细胞 DNA 做出了 α 地中海贫血出生前诊断。1977 年人类第一个基因被克隆，美国成功地用基因工程方法生产出人生长激素抑制素。1981 年 T. Cech 发现了核酶，表明 RNA 除了具有原先人们认识的功能以外，还具有催化功能。这一发现打破了一切酶都是蛋白质的传统观念，并提出在蛋白质尚未出现前有一 RNA 世界，为生命的起源提出新的理论。1986 年 K. Mullis 等建立了 PCR 技术，使人们可以在体外进行极简便和快速的 DNA 扩增。1990 年基因治疗正式进入了临床实验阶段。1992 年发现蛋白激酶。2001 年基本完成了"人类基因组计划"。在此基础上，"后基因组计划"将进一步深入研究各种基因的功能与调节。分子生物学的研究对生命科学的发展起了巨大的推动作用，受到国际科学界的高度重视。近 20 年来，几乎每年的诺贝尔生理学或医学奖以及一些诺贝尔化学奖都授予了从事生物化学和分子生物学的科学家，就足以说明生物化学与分子生物学在生命科学中的重要地位和作用。

我国对生物化学的发展做出了重大贡献。早在 4 000 多前，我国劳动人民在生产和生活中就已经用粮食酿酒，在商周时期已知制造酱、醋和饴的技术。这些都是运用生物化学知识和技术的发明创造。由于封建社会视科学为异端，因而限制了生物化学的发展。从 20 世纪 20 年代开始，我国生物化学家在蛋白质化学、免疫学、营养学等方面开展了许多工作。生化学家吴宪在血液分析方面，创立了血滤液的制备及血糖的测定方法；在蛋白质的研究中，提出了蛋白质变性学说。1965 年我国首先人工合成了有生物活性的蛋白质——结晶牛胰岛素。1971 年用 X 线衍射法精确测定了牛胰岛素分子的空间结构，分辨率达 0.18 nm。1979 年又成功地合成了酵母丙氨酰转运核糖核酸。1990 年研制了第一例转基因家畜。近年来我国在人类基因组、水稻基因组和生物工程药物等生物技术领域取得了举世瞩目的成就，积极地促进了生物化学的发展。

二、生物化学的学科特色

生物化学是生物学的一门分支学科，它具有明显的生物学与化学的特色，它从化学角度出发，在分子水平上研究生物体内的化学物质。主要研究范围包括元素组成、分子结构、理化性质、生物大分子的结构与功能的关系。从生物大分子的合成与分解、结构与生物学功能两个主要方面阐明生命现象与化学本质的关系，因此可以简单地说，生物化学就是生命体的化学。

生物化学的基本特色之一是其研究对象为生物体内的化学物质，因此有明显的化学学科特性，所以无机化学、有机化学、物理化学等学科的化学知识同样适用于生物化学学科，不同之处是在生物化学更重视其体内物质的生物学活性或其生物学意义。在研究生物体内的化学物质组成、理化性质时，生物化学同样遵循有关的化学变化规律。例如，在动态生化中，醇、醛、酮、酸的氧化还原反应有一定的规律可循，可以根据有机化学中醇、醛、酮、酸的氧化过程，加强学习糖代谢的规律。

生物化学的基本特色之二是不同的生物大分子在其合成、结构、功能方面各有特色。它们具有高分子相似的单体化合物、聚合度，但又有生物学方面的特点，可以利用有限的单体化合物，合成尽可能多的功能各异的生物大分子，并且通过遗传或变异方式传给子代，解决了生物进化与环境协调的大难题。

生物化学的基本特色之三是代谢过程是分步进行的，并受到精细调控。例如，葡萄糖在空气中燃烧生成二氧化碳和水的过程是一个激烈的放热反应，但在生物体内的葡萄糖氧化却是在温和的环境中经过三大代谢途径、20 多个连续反应才完成的，并且反应速率明显受到有关酶活力的控制。

生物化学的基本特色之四是生物氧化过程主要通过脱氢方式来完成，而直接加氧反应在生物体代谢过程中有特殊的意义，通过底物脱氧需要辅酶参与的现象加深对 NAD^+、$NADP^+$ 的认识，并且根据物理化学中的反应动力学和生化反应过程中的电极电位的变化，可预测生化反应能否发生和计算代谢反应的反应能，从而进一步了解生化反应的氧化还原规律，提高对细胞呼吸与产能反应的了解。

生物化学的基本特色之五是强调分解代谢与合成代谢相偶联、物质代谢与能量代谢相偶联。合成代谢所需的能量依赖于分解代谢释放出的能量，生物体在利用营养物及其能量时显示出特有的高效性。生物体能直接利用的能量是贮存在 ATP 高能键中的化学能。生物体主要利用代谢分解产生的 ATP 来参与其结构物的合成、物质输送、肌肉运动等，并通过多层次、多方式的调控水平高效地协调分解代谢、合成代谢过程中的能量供需平衡，将从环境中摄取的营养物分解，将其中间产物、产生的 ATP 用于自身细胞的结构物、功能物的合成，从而充分利用分解代谢中产生的中间产物、高能化合物能，将能量转移到 ATP 上，并将其用于合成代谢。

　　生物化学的基本特色之六是关注生物大分子的结构与功能的关系。其中蛋白质的结构与功能、核酸的复制与蛋白质的生物合成更具生物化学的特色。

　　生物化学的基本特色之七是学习代谢过程的调控，进一步了解生物体内的物质分解与合成规律。通过学习代谢调控规律，为学习微生物学、发酵代谢调控打下一定的基础。将物理化学和过程自动化的相关知识用于分析、处理生物体的代谢调控能力时，可以认为生物体就是一个受精细调控的开放系统，生物体通过核酸和蛋白质两类物质控制机体的代谢和生长、发育与繁殖过程，局部的代谢调控（酶的缺失等）则影响代谢产物的合成方向和最终产物的积累。

　　生物化学的基本特色之八是没有局限于分子水平研究生命现象，它也会与细胞、细胞器相关联。例如，生物体代谢的调控可在细胞、分子水平上进行，高等生物还有激素调控等问题。酶活力调节是典型的分子水平调节，生物体内的酶促反应（代谢过程）受反馈抑制的影响；而酶含量的调节则是发生在细胞水平上，酶的合成受诱导与阻遏的控制。在链式分步代谢反应过程中，直链式代谢反应的反馈抑制作用主要是通过控制代谢途径中第一个酶（起点酶）的活性，从而能及时地控制体系中正在发生的一系列由不同的酶系催化的链反应的反应速率。另一方面，酶合成的诱导与阻遏作用可以从细胞生长与环境协调平衡的观点来理解，通过操纵子来控制酶合成的表达，细胞不仅能适应外部环境的变化，同时又能使代谢方向与速率与环境条件变化相适应。

　　生物化学的基本特色之九是在代谢调节的时空调控方面，代谢调控有时间、空间因素。代谢调控受物种内遗传基因影响，而环境因素则会影响基因的表达。简单地说，生物体是通过核酸、蛋白质等生物大分子的复制、合成来控制生命活动的过程。生命现象通过蛋白质功能来表现，但从调控的时空观上分析，DNA 是真正的出发点，而 RNA 是蛋白质合成过程中不可缺少的中间物质，它参加了遗传信息的转录与翻译过程。核糖体是蛋白质的合成场所。转录过程将隐藏在 DNA 分子中的蛋白质合成信息转录到 mRNA 的三联碱基密码上，再通过 tRNA 翻译其中的遗传密码指导蛋白质合成。

因此，生物化学是一门综合性的生物技术类专业的基础学科，它与生物学、分子生物学、微生物学有很强的相互联系，在学习过程中要注意有关学科之间相互重叠、交叉的现象。简单地说，生物学是从细胞水平研究生物现象，而从分子水平上研究生物物质时离不开它们所依存的细胞、细胞器；分子生物学是进一步研究生物大分子（蛋白质、核酸、多糖等）的结构、功能及遗传信息传递与表达的学科，有时特指研究核酸大分子的学科。

三、生物化学的研究内容

（一）生物体的物质组成及生物分子的结构与功能

生物体是由许多物质按严格的规律构建起来的。人体内含水 55%~67%，蛋白质 15%~18%，脂类 10%~15%，糖类 1%~2%，无机盐 3%~4%，此外，还有核酸等。除水、无机盐和核酸外，主要是蛋白质、脂类和糖类三类有机物质。看起来似乎比较简单，但是，若从分子水平上来看，是非常复杂的。除水外，每一类物质又包含很多化合物，如人体蛋白质就有 10 万种以上，各种蛋白质的组成和结构不同，因而也就具有不同的生物学功能。

当代生物化学研究的重点是生物大分子，即分子生物学研究的内容。因此，从广义的角度来看，分子生物学是生物化学的重要组成部分。生物大分子主要指蛋白质、核酸，其重要特征之一是具有信息功能，故也称为生物信息分子。它们都是由某些基本结构单位按一定顺序和方式连接所形成的多聚体，分子量一般大于 10^4，这些小而简单的基本单位可以看作生物分子的构件，故也称作构件分子。构件分子的种类不多，在一切生物体内都是一样的。但由于每个生物大分子中构件分子的数量、种类、排列顺序和方式的不同，而有不同的一级结构和空间结构，从而有着不同的生物学功能。功能与结构是密切相关的，结构是功能的基础，而功能则是结构的体现。生物大分子的功能还通过分子之间的相互识别和相互作用而实现。因此，分子结构、分子识别和分子间的相互作用是执行生物信息分子功能的基本要素。这一领域的研究是当今生物化学的热点之一。

（二）物质代谢及其调节

生物体内各种物质都按一定规律进行物质代谢，通过物质代谢为生命活动提供所需的能量，同时，各种组织化学成分得到不断的代谢更新，这是生命现象的基本特征。物质代谢是机体与环境不断地进行物质交换。体内代谢途径既要适应环境的变化，还要维持内环境的相对稳定，这就需要各种代谢途径的互相协调。这样复杂的体系是通过多种调节因素来完成的。物质代谢一旦发生紊乱，就可能引发疾病。现在，虽对生物体内的主要物质代谢途径已基本清楚，但仍然有许多问题有待探讨，物质代谢有序性调节的分子机制也尚需进一步阐明。细胞信息传递参与多种物质代谢及其对相关的生长、繁殖、分化等生命进程的调节，细胞信息传递的机制及网络也是近代生物化学研究的重要课题。

（三）基因表达及其调控

基因表达是指按照某特定结构基因所携带的遗传信息，经转录、翻译等一系列不同阶段，合成具有一定氨基酸序列的蛋白质分子，而发挥特定生物学功能的过程。基因表达调控可在多阶段、多水平上进行，是一个十分复杂而又协调有序的过程。这一过程与细胞的正常生长、发育和分化以及机体生理功能的完成密切相关。对基因表达调控的研究，将进一步阐明生命观，解释细胞行为和疾病的发生机制，从而在分子水平上为人类疾病的诊断、治疗和预防提供科学依据和实用技术。因此，基因表达及其调控，特别是真核生物基因表达和调控规律是目前分子生物学最重要、最活跃的领域之一。生物技术的发展及人类基因组计划和后基因组计划的实施将大大推动这一领域的研究进程。

四、生物化学与实践教学

（一）生物化学学科教学内容及要求

生物化学是在分子水平上研究生命活动规律的一门边缘学科。其内容相当广泛，在学习本课程时，将涉及无机化学、有机化学、物理化学、数学、物理学、生物学及生理学等许多学科的基本知识。学习时应遵照循序渐进的原则，在学好相应学科基本知识的基础上再学习这门课程。生物化学课程主要包括蛋白质、核酸、酶的化学，生物氧化，糖、脂类、蛋白质及核酸代谢，代谢调控，生化药物，等等。

蛋白质化学的基本内容：蛋白质在生命活动中的重要意义；蛋白质元素组成和基本结构单位；蛋白质的分子结构；蛋白质的结构和功能；蛋白质的性质；蛋白质的分离、纯化基本原理；蛋白质的分类。学习这部分知识的基本要求：了解蛋白质是生命的物质基础；掌握氨基酸的结构和特点；掌握蛋白质的结构和重要性质；熟悉蛋白质结构与功能的关系。

核酸化学的基本内容：核酸的概念和化学组成；核酸的分子结构；核酸的理化性质；核酸的分离和含量测定。对于核酸化学这部分知识的学习，应了解核酸在生命活动中的重要意义，掌握核酸的化学组成、结构及核酸的重要性质。

酶的基本内容：酶的催化特性和作用特点；酶的结构和功能；酶的催化机制；酶促反应的动力学；酶的分离提纯及活性测定；同工酶、变构酶和固定化酶；酶在医药学上的应用。基本要求：了解酶在生命活动中的重要性；掌握酶的化学本质和酶的作用机制；掌握酶催化作用的影响因素；了解酶的提取、纯化和酶活力测定的一般原理和方法；掌握变构酶、同工酶、固定化酶的概念。

生物氧化的基本内容：生物氧化的概念；线粒体氧化体系——呼吸链；生物氧化与能量代谢；氧化磷酸化作用机理；其他氧化酶类。基本要求：掌握体内物质氧化过程中的氢与电子传递体系；掌握体内 ATP 的形成方式和氧化磷酸化作用机制；掌握呼吸链抑制剂。

糖代谢的基本内容：糖类的化学；糖的消化与吸收；糖的分解代谢；糖原的合成与分解；其他单糖的代谢；血糖；糖代谢的调节；糖代谢的紊乱。基本要求：了解糖类的概念、功能及分类；掌握糖的主要分解过程和生理意义；掌握血糖浓度水平的维持和调节机制；熟悉糖代谢障碍与糖尿病的关系。

脂类代谢的基本内容：自然界存在的重要脂类的化学；脂类在体内的分布和生理功能；脂类在体内的消化和吸收；脂类在体内的储存、动员和运输；脂肪的代谢；类脂的代谢；脂类代谢的调节和紊乱。基本要求：了解脂类的概念、特征和功能，脂肪和类脂的结构特点；掌握脂肪酸与甘油氧化过程及其生理意义和脂肪酸的合成代谢；掌握酮体的生成、分解途径及其与糖代谢的关系；熟悉磷脂和胆固醇代谢的概要及其生理意义。

氨基酸代谢的基本内容：蛋白质的营养；蛋白质的消化、吸收和腐败；氨基酸的一般代谢；个别氨基酸的代谢。基本要求：了解蛋白质的营养意义、消化和吸收；掌握氨基酸的一般代谢；掌握氨基酸脱氨基作用及尿素生成过程。

核酸代谢与蛋白质生物合成的基本内容：核酸的消化和吸收；核酸的分解代谢；核酸的合成代谢；蛋白质的生物合成；药物对核酸代谢和蛋白质生物合成的影响。基本要求：了解核酸分解途径及产物；掌握核酸与蛋白质生物合成过程及其关系；掌握抗代谢物的理论及重要意义；熟悉核酸与遗传变异的关系。

代谢调控总论的基本内容：新陈代谢的概念和研究方法；物质代谢的相互关系；代谢抑制剂和抗代谢物。基本要求：了解代谢调控的一般概念，掌握糖、脂类、蛋白质三大代谢的相互关系。

（二）生物化学的实践教学

教学根据方式的不同可以分为两种形式，一种是理论教学，另一种是实践教学。理论教学是以教师讲授、学生听课和研读教材为主，以基本概念和基本原理为中介，获得理性知识和发展智力。实践教学是学生在教师指导下以实际操作为主，获得感性知识和基本技能，提高综合素质的一系列教学活动的组合。理论教学侧重基本理论、原理、规律等理论知识的传授，具有抽象特性，易于培养学生的抽象能力；实践教学侧重于对理论知识的验证、补充和拓展，具有较强的直观性和操作性，旨在培养学生的实践操作能力、组织管理能力和创新能力。

实践教学是生物化学专业完成教学任务、实现人才培养的重要环节，更是区别于其他专业的明显特征。实践教学以真实案例的讲解、观察、操作为基础，并且以此加深对抽象知识内容的理解，同时也是培养高技能人才的关键环节，更是培养学生创新思维和动手实践能力的可靠保障，有益于学生素养的提高和正确价值观的形成。实践教学有两个优点：一是锻炼学习者的主动性和积极性；二是培养学习者的团队意识。高校生物化学专业实践教学的主要目的是培养本专业学生的实践能力，初步掌握专业化知识和学科前沿研究成果以及工业化进展。但是实践教学同样存在缺点：①实践教学过程中缺乏相关的理论知识的传授，理论与实践的结合程度不高。固然实践教学能够解放学习者的天性，不拘泥于小节，但还是需要必要的理论知识作为实践的支撑。②过分强调实践教学的后果就是学习者不再喜欢动脑子，思想上变得懒惰不堪。因此，生物化学专业实践教学的开展必须要有理论知识的支撑，在进行实践教学活动的时候也可以更有逻辑条理，更好更快地完成实践活动。

第二节   生物化学的发展简史

生物化学起源于 18 世纪，发展于 19 世纪，直到 20 世纪初才发展成为一门独立的学科。作为一门新兴学科，生物化学只有 100 多年的历史。18 世纪后期，随着学科的发展，尤其是有机化学和生理学的发展，生命现象与化学变化之间的内在联系日益彰显，一些化学家和生理学家纷纷转向生物领域的研究，这时生物学就逐渐分离成生理化学、遗传学、细胞学。直到 1903 年德国 C. A. Neuberg 首次提出 Biochemistry 这个词，生物化学作为一门新兴学科正式宣告诞生。

一、静态生物化学时期

18 世纪，一些科学家对生命活动中化学现象的发现及研究，为生物化学奠定了基础。这一时期，瑞典化学家 K. W. Scheele 首次从动、植物材料中分离出乳酸、柠檬酸、酒石酸、苹果酸、尿酸和甘油等；英国 J. Priestly 发现氧气，并指出动物消耗氧而植物产生氧；法国著名化学家 A. L. Lavoisier 用呼吸试验和燃烧证明在氧化过程中，消耗了氧，产生了水和二氧化碳，推翻了当时占支配地位的"燃素说"；1779—1796 年，荷兰 Ingenhousz 证明在光照条件下绿色植物吸收二氧化碳并放出氧气，为绿色植物光合作用的研究奠定了基础。

在 18 世纪的欧洲，由于"生机论"的流行，生物化学的发展一度停滞不前。"生机论"认为：生命物质之所以异于非生命物质，是因为生命物质含有一种非生命物质所没有的活力。生命现象是神秘的和不可研究的。进入 19 世纪后，物理学、化学、生物学有了较大发展，推动了生物化学的进步。1828 年，德国化学家 F. Wöhler 用无机物氰酸铵（NH_4CNO）合成了有机物尿素（NH_2CONH_2），实现了无机物与有机物间的转化，推翻了"生机论"的错误观点，解放了科学家们的思想，推动了生物化学的研究。德国化学家 J. von Liebig 首次提出了"新陈代谢"，发现了尿酸、氯醛和氯仿等有机物质，并对脂肪、血液、胆汁和肌肉提取进行了研究，出版了最早的类生物化学专著《化学在农业和生理学中应用》和《动物化学或有机化学在生理学与病理学上的应用》，并首次在大学进行化学实验教学。Liebig 实际上是生物化学、农业化学和医学化学的主要奠基人，也是生理化学和碳水化合物化学的创始人之一。1877 年，F. Hoppe-Seyler 首次提出了"生理化学"这个名词，并创办了世界上最早的生物化学报《生理化学杂志》，首次获得纯卵磷脂、结晶状血红素，还首创了蛋白质（Proteids）一词。他的学生 F. Miescher 从脓细胞核中分离出 Nuclein，即脱氧核糖核酸蛋白。他的另一位学生 A. Kossel 首次分离出腺嘌呤、胸腺嘧啶、胸腺嘧啶核苷酸及组氨酸。1897 年 Btichner 兄弟用无细胞酵母提取液试验，发现该液体能使蔗糖发酵产生酒精，证明没有活细胞也可以进行如发酵这样复杂的生命活动，彻底推翻了"生机论"。这一些早期生物化学发展中的重要人物的开拓性研究，开辟了生物化学研究的途径，拓宽了研究的思路和领域。

到了 20 世纪初，生物化学在蛋白质（酶）、维生素、激素、物质代谢和生物氧化方面的研究取得了很大进展。E. Fischer 在 1902 年前后发现了缬氨酸、脯氨酸和羟脯氨酸，1907 年成功地用化学方法连接 18 个氨基酸，合成了多肽。1903 德国 C. A. Neuberg 首先提出了"生物化学"一词，提出了糖酵解学说，证明了果糖 –6– 磷酸、乙醛及丙醛酸是糖酵解的中间产物。F. G. Hopkins 在 1912 年前后完成了动物饲养实验，发现了食物中的辅助因子即维生素。O. F. Meyerhof 研究了肌肉代谢的糖原 – 乳酸循环，并在 1924 年出版了《生命现象的化学动力学》一书。1926 年 J. B. Sumner 从刀豆中获得了脲酶结晶，另一位美国化学家 J. H. Northrop 相继制备出胃蛋白酶的结晶，从而证明了酶的化学本质是蛋白质。O. Folin 建立了尿中肌酸和肌酸酐的测定方法，并与吴宪于 1919—1922 年间设计了血液分析的颜色测定法。

这个阶段，生物化学的主要工作是研究生物体的化学组成，尤其是对酶、激素和维生素的分离、鉴定、功能和人体对氨基酸的需要的研究。具体表现：对脂类、糖类及氨基酸的性质进行了较为系统的研究；体外人工合成尿素；发现了核酸；明确了催化剂的概念；开始进行酶学研究，初步阐明了酶的催化特性、作用条件和作用机制。这些研究对于营养学、生理学和医学都起了重要的作用。

二、动态生物化学时期

20 世纪 30 年代以后，生物化学进入了动态生物化学发展时期。随着分析鉴定技术的进步，尤其是放射同位素示踪技术、色谱技术等物理学手段的广泛应用，在研究生物体的新陈代谢及其调控机制方面取得了重大进展。在 20 世纪 40 年代前后，基本上阐明了各类生物大分子的主要代谢途径：糖酵解、三羧酸循环、氧化磷酸化、磷酸戊糖途径、脂肪代谢和光合磷酸化等。主要表现在：德国生物化学家 G. Embden 和 O. Meyerhof 阐明了糖酵解反应途径；英国生物化学家 H. A. Krebs 阐明了尿素循环和三羧酸循环；美国生物化学家 F. A. Lipmann 发现了 ATP（Adenosine Triphosphate）在生物能量传递循环中的中心作用。此外，还陆续发现了一系列维生素和激素，阐明了血红素、叶绿素等重要生物分子的结构，极大地丰富了生物化学的知识，从而确立了生物化学作为生命科学重要基础的地位。

这个阶段，科学家们不但对生物体的物质组成和性质有了深入的研究，而且阐明了生物体内的各种基本代谢途径。但是，由于研究方法的限制，关于蛋白质和核酸等信息分子的序列分析和空间结构研究尚未取得重要突破。

三、分子生物化学时期

20 世纪 50 年代之后，随着物理学、化学、数学等学科的渗透，放射性同位素示踪技术、色谱技术、电泳技术、超离心技术、电镜技术、X 射线衍射技术、计算机和多维核磁共振谱技术、分子克隆和聚合酶链式反应（Polymerase Chain Reaction，PCR）技术，以及氨基酸序列仪、核酸序列自动分析仪和核酸化学合成仪等现代化设备的发明和应用，生物化学获得前所未有的大发展，逐步实现了从整体到细胞的过渡，从分子水平来探究生物分子的结构与功能。由此，生物化学全面进入分子生物学时代。

1953 年，J. D. Watson 和 F. H. C. Crick 提出 DNA 双螺旋结构模型，并揭示了遗传信息传递的基本规律。这是生物化学界首次认识到基因的结构，因此这一成果被誉为 20 世纪最重要的科学发现之一，为 DNA 复制机制的研究奠定了坚实的基础，开创了从分子水平研究生命活动的新纪元。1958 年 F. H. C. Crick 提出中心法则。1955 年，F. Sanger 首次完成了蛋白质（牛胰岛素）一级结构的分析。1961 年，F. Jacob 和 J. Monod 提出操纵子学说，说明了基因是如何开动和关闭的，为生物调控研究提供理论指导。1966 年，M. W. Nirenberg 和 H. G. Khorana 破译了遗传密码。1960—1970 年，W. Arber、D. Nathans 和 H. D. Smith 发现了限制性内切酶。

20 世纪 70 年代，H. M. Temin 和 D. Baltimore 等发现了反转录酶；P. Berg 等成功地进行了 DNA 体外重组；S. Cohen 等建立了分子无性系（分子克隆），开启了生物工程技术的序幕；H. Boyer 等在大肠杆菌中成功地表达了人工合成的生长激素、释放抑制因子基因等。重组 DNA 技术的建立不仅促进了对基因表达调控机制的研究，而且使人们主动改造生物体成为可能。由此，多种基因工程的产品相继产生，大大推动了医药工业和农业的发展。

20 世纪 80 年代，核酶的发现补充了人们对生物催化剂本质的认识。1985 年，K. Mullis 建立了 PCR 技术，使人们有可能在体外高效率扩增 DNA。科学家们从 DNA 重组、损伤和修复原理发展到基因工程，开辟了种族改良和农业、医药新产品开发的新途径。

1995 年，A. Fire 和 C. Mello 阐明 RNA 干扰（RNAi）的机制。1990 年"人类基因组计划"实施，这是生命科学领域有史以来最庞大的全球性研究计划。2000 年，包括中国在内的 6 个国家的科学家，发布了人类基因组序列工作框架图；2001 年正式绘制人类基因组序列图；2005 年，"人类基因组计划"的测序工作基本完成。这些工作加速了人类认识生命的步伐，使 21 世纪成为世人公认的生命科学世纪。此外，美国科学家 M. Capecchi 突破性发现基因打靶（Gene Targeting）技术，其在全球首例基因治疗的应用获得初步成功，使深入研究单个基因在动物体内的功能及相关药物的动物试验模型成为可能。2009 年美国科学家 E. H. Blackburn、C. W. Greider 和 J. W. Szostak 凭借"发现端粒和端粒酶是如何保护染色体的"获得了诺贝尔生理学或医学奖，这一成果揭开了人类衰老和罹患癌症等严重疾病的奥秘，为疾病的治疗提供了新的思路；诺贝尔化学奖的获得者 V. Ramakrishnan、T. A. Steitz 和 A. E. Yonath 三位科学家利用 X 射线结晶学技术标出了构成核糖体的无数个原子所在的位置，在原子水平上显示了核糖体的形态和功能，并构建了 3D 模型，展示了不同的抗生素如何绑定到核糖体，推进了新的抗生素的开发和疾病的治疗。

这一阶段，生物化学全面进入分子生物学阶段。集中体现在对蛋白质（酶）核酸、复合糖等生物大分子的研究，从分离、纯化和一般性质的测定发展到确定其组成、序列、空间结构及其与生物学功能的联系，进而开展了人工合成、人工模拟和生物工程等方面的研究；从对个别基因和蛋白质的研究发展到对基因组和蛋白质组的研究；从测定较小的蛋白质三维结构发展到对庞大的蛋白质组装体的三维结构进行研究。

现如今，生物化学已经从分子水平扩展到细胞、组织、器官和生物体整体的研究层次上，不断地推动着生命科学向纵深发展，取得丰硕的成果，其理论和实验的方法也渗透到科学的各领域。但是，随着人类对生命本质研究的进一步深入，生物大分子的结构与功能的关系，细胞膜结构与功能的关系，细胞、组织、器官及机体自身调控的机理等都有待于进一步的阐明。此外，生物化学技术的创新和发明，也是生物化学发展中一个重要的制约因素。

第三节　生物化学与周边学科的关系

一、生物化学与物理学、化学的关系

生物化学即生命的化学，是运用物理学、化学和生物学的理论和方法研究生物体的化学组成、化学变化及其与生命活动关系的科学。随着现代生物化学的发展，需要物理学、化学学科更加深入的渗透和融合，生物化学中的生命问题已经成为化学学科研究的重要内容和现代物理技术发展的方向。生物化学的发展历史就是不断地探索和阐明生物体中的化学问题的过程，早期的许多重要发现和重大的突破都与化学有着密不可分的关系，尤其是静态生物化学时期，如三羧酸循环的发现和阐明，蛋白质（酶）、脂类、糖类等的结构和化学组成的阐明都是生物化学家和化学家共同努力的结果。

20世纪50年代之后，随着物理学在生物化学的渗透，生物化学研究的技术水平得到极大提高，使得人们从分子水平来探究生物分子的结构与功能成为可能，如DNA双螺旋结构的阐明、蛋白质的组成和结构测定、核酸的测定和体外合成等都是现代化研究技术应用的结果。近年来，物理学、化学的理论和技术已经广泛应用于生物分子的结构、性质、功能以及物质代谢的研究上。此外，生物化学作为生物学和物理学之间的桥梁，将生命世界中所提出的重大而复杂的问题展示在物理学面前，产生了生物物理学、量子生物化学等边缘学科，从而丰富了物理学的研究内容，促进了物理学和生物学的发展。

二、生物化学与生命科学的关系

生物化学的研究对象是生物体，生命学科的研究对象也是生物体，因而两者之间密不可分，生物化学的理论和技术既是生命科学的基础又是前沿，引领着生命科学的发展。

生物化学与生理学（Physiology）是关系最为密切的姐妹学科。生物化学最初主要是由化学家和生理学家来进行研究的，所以一度被称为"生理化学"。生理化学主要是研究生物机体的生命活动现象和生命活动过程中各个组成部分的功能及对内外环境的反应。其中，有机物的代谢是重要的研究内容，而有机物的代谢途径和调控机制正是生物化学的核心内容之一。根据研究对象不同，生理学分为微生物生理学、植物生理学、动物生理学和人体生理学等，而生物化学与这些学科都有密切联系。

生物化学与分子生物学（Molecular Biology）被认为是联系最密切的学科，两者都是边缘性学科，发展十分迅速，共同成为生命科学的带头学科。两者之间很难明确划分，因此，国际生物化学协会（The International Union of Biochemistry）现已改名为国际生物化学与分子生物学协会（The International Union of Biochemistry and Molecular Biology），中国生物化学学会也已更名为中国生物化学与分子生物学学会。一般认为，生物化学倾向于研究生物大分子化学组成、化学变化及其相互关系，而分子生物学则侧重于研究生物大分子的结构、性质、功能及其相互关系，并阐明生命过程的一些基本问题，两者各有侧重点。作为生命科学的带头学科，生物化学在发展的同时已形成了许多如基因组学、蛋白质组学、基因工程等的新理论和新技术，广泛应用于医学、农业等基础生命学科。同时，这些基础学科也促进了生物化学的发展，如免疫学的方法已被广泛应用于蛋白质及蛋白质组学的研究。

生物化学与细胞生物学（Cell biology）的联系也甚为密切。细胞生物学研究生物细胞的形态、成分、结构和功能，探索组成细胞的各种化学物质的性质及其变化规律，而生物化学所研究的生物分子都定位在细胞的某一部位。

生物化学与生物工程（Bioengineering）的发展密切相关。生物工程是在生物化学与分子生物学基础上结合工程技术发展起来的新兴技术学科，是指对生物有机体在分子、细胞或个体水平上通过一定的技术手段进行设计操作，为达到目的和满足需要，以改良物种质量和生命大分子特性或生产特殊用途的生命大分子物质等，包括基因工程、细胞工程、酶工程、蛋白质工程、发酵工程和生物化学工程。其中，基因工程是所有生物工程的基础与核心。目前，已通过基因工程生产出胰岛素、干扰素、生长素、肝炎疫苗等珍贵药物，培养出许多转基因动、植物的新品种，如抗虫棉、耐贮藏的西红柿，以及转基因的猪、羊等家畜和大豆、玉米等，充分展示了生物工程无可限量的应用潜力。生物工程的发展，为解决人类面临的重大问题如粮食、健康、环境、能源等开辟了广阔的前景，是人类实现可持续和谐发展最重要的基础技术之一。

生物化学与医学（medical science）的发展也相互促进。生物化学是医学的重要基础，近年来，生物化学已渗透到医学的各个领域。在日常保健中，如何预防疾病和增进健康，是生物化学研究的一个重要内容。在临床上，生化诊断已成为一种不可缺少的诊断方法，酶疗法已普遍用于各种疾病的治疗，各种生化制剂药物如疫苗、激素、血液制品、维生素、氨基酸、核苷酸、抗生素和抗代谢药物等也已广泛用于医药实践。随着生物技术的发展，医学的研究也深入到分子水平，并相继产生了分子免疫学、分子遗传学、分子药理学、分子病理学等新学科，促进了医学的发展，为人类对各种重大疾病的深入研究提供了可能，而生物化学是这些学科的基础。

此外，生物化学的理论和技术已经逐渐渗透到农业科学、生态学、食品科学、医药卫生等，甚至一些看起来与生物化学关系不大的学科如环境保护、生物分类学、食品供应、国防等研究领域都需要从生物化学的角度加以探索和研究。

第四节　未来生物化学的应用进展

一、现代生物化学的重要应用领域

随着生物化学技术和理论的发展，生物化学的应用已经渗透到人类生活的各个领域，推动着人类社会的进步。

（一）在工业方面的应用

在工业生产实践中，如食品、皮革、化妆品、纺织、化工、国防、环保、石油开采业等都需要生物化学的基本理论和技术。食品添加剂、饲料添加剂、美容品制剂、皮革脱毛剂、化妆品添加剂等大多都是生化制品；酶工业和发酵工业的固定化酶和固定化细胞技术、微生物菌种的改造、蚕丝的脱胶、棉布的浆纱等都是生化技术的应用；射线对于机体的损伤及其防护，神经性毒气对胆碱酯酶的抑制及解毒等现代生物战和化学战等国防研究领域也与生物化学有关；某些酶制剂已应用于"三废"的治理和水质的净化中。除参与各种工业产品的生产和制备外，生化技术也广泛应用于原材料和产品质量的检验，对生产过程的跟踪和生产流程的改造，等等。

（二）在农业方面的应用

在农业生产中，生物化学已广泛应用于动物和植物生产、新品种的改良和培育、优良品种的鉴定、农产品的储存加工、植物病虫害的防治、肥料生产和农药的制备等。利用生物化学原理研究植物在不同环境或遭遇病虫害后的新陈代谢变化规律，了解其营养成分积累和调控的途径，设计合理的栽培措施，创造适宜的栽培条件，从而获得人们所需的高产、优质的农产品。同时，这些物质的代谢规律对于产品的加工、贮藏和运输，植物病虫害的防治，肥料的生产和农药的制备都有重要的指导意义。在品种的选育中，利用生物化学方法测定出某品种所需的营养物质如蛋白质、氨基酸、糖、脂肪、维生素等的含量，从而选育出高品质的新品种。

将苏云金芽孢杆菌基因导入到棉花植株中，从而培养出抗棉铃虫的棉花品种，抗寒的转基因大豆及克隆羊等也离不开生物化学技术的应用，这些技术的应用大大缩短了育种周期，提高了育种效率，在提高产品的产量、品质和抗性等方面都有显著的效果。生物化学在农业上的应用，不但可以改良现有的植物和牲畜的性状和品质，而且可以利用植物生产蛋白质、生物塑料、新型农药和药物等，为解决粮食危机、资源短缺、环境恶化等困扰人类发展的问题提供新思路。

（三）在医学方面的应用

在医学研究领域中，人们对于疾病的致病机理的认识、疾病的诊断与治疗、药物的研究与开发等都离不开生物化学的理论和技术。如血清中肌酸激酶同工酶的电泳图谱用于诊断冠心病、转氨酶用于肝病诊断、淀粉酶用于胰腺炎诊断等，许多疾病的临床诊断越来越多地依赖于生化指标的测定。在治疗方面，生化药物如磺胺类药物 5- 氟尿嘧啶用于治疗肿瘤，青霉素作为抗生素化疗药物，以及各种疫苗的应用等使得许多疾病被控制或基本被消灭。生化药物主要有氨基酸类、多肽类、蛋白质类（酶类）、辅酶类、多糖类、核苷酸类、脂类和生物胺类等。这些物质的理化性质确定、生物活性检定、效价测定以及安全性检验等，都与生物化学理论和技术密不可分。随着生物化学和生命科学的深入研究，将会有越来越多的高效低毒的生化药物被研制出来，用于疾病的预防和治疗。此外，还可以利用生物化学的知识了解生长发育过程中或不同生理状态下的需要，用于调配合理的饮食，进行医疗保健。

此外，航空航天事业、生物新能源的开发和海洋资源的开发利用等都离不开生物化学及由它发展起来的生物化学工程技术。

综上所述，生物化学内容十分丰富，与多种学科互相渗透并且发展非常迅速，应用范围极其广泛，涉及工业、农业、医学、环保、国防、航天和石油开采等人类实践活动的各个方面。因此，当代的大学生学习并掌握生物化学的基础理论和基本技能，把握生物化学与分子生物学的发展动态和前沿知识，其重要性是显而易见的。

二、未来生物化学的发展趋势

（一）结构分子生物学

当今生命科学研究的特征是对分子、细胞、组织、器官乃至整体水平的多方位综合研究。生命活动是核酸、蛋白质等大分子的运动形式，以研究生物大分子的结构、功能为对象的结构分子生物学已成为生命科学的基础学科之一。结构分子生物学研究各种生物大分子的结构及其与功能的关系，生物功能是由生物大分子的结构所决定的，对其体现功能的结构从简单结构（一级结构）到复杂结构（空间结构及分子相互作用结构），都是体现生物信息的"语言"，把这些结构信息"语言"转换成计算机语言，人们就可以应用计算机来储存、分辨、提取生物信息，并对任何感兴趣的生物大分子的结构、功能及结构与功能的关系进行分析、预测和比较研究。由此出发，诞生了生物信息学（Bioinformatics）或计算机生物学（Computational Biology）。研究生物大分子结构的新技术、新方法和新仪器不断涌现和改进，如 DNA 重组技术、基因合成和测序技术、X 射线衍射分析技术、核磁共振技术、酶逐步降解技术、计算机技术以及不同技术的组合应用等，使获得高分辨率的结构图像以了解生命过程中蛋白质构象的动态变化，以及对大分子结构的贮存、比较和结构等功能预测成为可能。

现在，生物大分子三维结构的数据库迅速扩大，以蛋白质结构数据库为例，每天都有几个新的结构增加进来。现已阐明了许多具有重要生物学意义和难度较高的生物大分子的结构，如胰岛素、天花粉蛋白、人的组织相容性抗原、生长激素与受体复合物、人和动物的一些致病的病毒颗粒、HIV 蛋白酶、CD4 糖蛋白、细胞器、细胞膜复合物、核糖体等。这些结果表明，已有的技术手段不仅能搞清楚单纯的生物大分子的三维结构，还能够搞清楚由同一来源的大分子或不同来源的大分子所构成的复合体的三维结构，包括超分子复合体的三维结构，从而把微观形态与解剖形态联系起来，把大分子与细胞和亚细胞结构联系起来，进而对生物大分子在生命活动过程中的空间结构连续变化进行动态观察和分析研究。如已能在毫秒级水平测定酶-底物作用时的构象变化，蛋白质变性和新生肽折叠时的构象变化，以及分子识别多肽和帮助多肽折叠时的构象变化。

结构分子生物学的研究对于研究发病机制与设计诊断、治疗和预防方案具有重要意义，特别对新药的分子设计与模拟具有重要指导作用，它已经成为合理药物设计（Rational Drug Design）的理论基础。

（二）基因组学

"人类基因组计划"（Human Genome Project，HGP）于 1990 年正式出台，其主要目标是绘制遗传连锁图、物理图、序列图和转录图。经人类基因组工作草图的绘制完毕，标志着对人类遗传密码——基因组全部碱基对的解读已基本告一段落，昭示人类对自身的了解进入了一个新阶段。另外，还完成了细菌、古细菌、支原体和酵母等低等生物的全基因组的序列测定，并逐步扩展到各种模式生物基因组、经济动物和作物基因组等的研究，这些将是 21 世纪生命科学领域中的研究热点。

基因组学（Genomics）主要是解决人类基因组的结构，在这一目标越来越趋近完成的时候，人们又提出后基因组学（Postgenomics），其实质是将人类基因组研究的重心逐步由结构向功能转移，即有关基因组功能信息的提取、鉴定和开发利用，以及与此相关的数据资料、基因材料和技术手段的贮存和使用。所以后基因组学的主要研究内容包括人类基因的识别和鉴定以及基因功能信息的提取和鉴定。在过去几年里，国际上一批知名的大型制药集团和化学公司已经在基因组研究领域投入巨资，并形成一个新的产业部门，即生命科学工业。制药工业就是生命科学工业的重要支柱，与基因组研究尤其关系密切。药物基因组学（Pharmacogenomics）研究表明，药物的疗效与患者的基因型相关。因此，今后的药物生产须考虑药物投放地区人群中有关等位基因的频率，医疗处方也将因人而异，并趋向个性化。比较基因组学的研究，则有助于从模式生物的资料中找到与疾病可能相关的基因，并以此为靶目标设计药物，这就表明现代生物化学发展的另一个重要特点是基础研究与应用研究的密切结合。医药学和农学的发展不断地向生物化学和分子生物学提出挑战，随着基因工程、蛋白质工程、细胞工程和胚胎组织工程的发展，人类在战胜各种传染病、冠心病、肿瘤、抗衰老等方面一定会取得更为有效的手段。生物化学的基础研究成果到实现产业化的时间距离已大大缩短，如某些细胞因子从基因的发现到生物工程产品的开发，只需要 1~2 年的时间，这就有力地证明了生物化学基础研究与现代药学科学的发展具有密切的关系。

（三）蛋白质组学

研究代谢反应与生理机能的关系是机能生物化学的核心内容，对蛋白质的研究现已从翻译加工过程的作用机制这一极转向研究蛋白质降解机制的另一极。在"后基因组"时代出现的一个新领域就是蛋白质组学（Proteomics）。蛋白质组学是研究细胞内全部蛋白质的组成及其活动规律的新兴学科。由于 mRNA 储存和翻译调控以及翻译后加工等的存在，蛋白质的表达水平不能直接反映出来；蛋白质自身特有的活动规律，如蛋白质的修饰加工、转运定位、结构形成、代谢转化、蛋白质与蛋白质及其他生物大分子的相互作用等，均无法从基因组水平上的研究获知。因此，对生物功能的主要体现者或执行者——蛋白质的表达模式和功能模式的研究就成为生物化学发展的必然。

蛋白质组是指基因组表达的所有相应的蛋白质，也可以说是指细胞、组织或机体全部蛋白质的存在及其活动方式。蛋白质组学是从整体的蛋白质的水平上，在一个更加深入、更加贴近生命本质的层次上去探讨和发现生命活动的规律和重要生理、病理现象的本质等。蛋白质组具有多样性和可变性。蛋白质的种类和数量及其功能状态在同一机体的不同细胞中是各不相同的，即使是同一种细胞，它在不同时期、不同条件下，其蛋白质组也是不同的。此外，在病理状态下或治疗过程中，细胞的蛋白质组成及其变化，与正常生理过程的也不同。随着蛋白质组学的诞生，人类就有可能从生物大分子整体活动的角度来认识生命，进而在分子水平上，从动态的、整体的角度对生命现象的本质及其活动规律和重大疾病的机制进行研究。

　　蛋白质组学的研究内容是蛋白质的表达模式与蛋白质的功能模式。蛋白质的表达模式主要解决各种细胞或组织的所有蛋白质的表征问题。目前是通过二维凝胶电泳（2DGE）建立一种细胞或组织的蛋白质组二维图谱，通过计算机模式识别分析各种蛋白质的等电点和相对分子质量参数及蛋白质点强度、面积等，再结合以质谱分析为主要手段的蛋白质鉴定及数据库检索，从而大量鉴定其蛋白质组成员，形成相应的蛋白质组数据库。建立机体、组织或细胞的正常生理条件下的数据库是进行大规模蛋白质组分析研究的基础。蛋白质组分析的第二步是比较分析在不同条件下蛋白质组的变化，如蛋白质表达量的变化、翻译后的加工修饰等，或进一步分析蛋白质在亚细胞水平上的定位的改变等，从而发现和鉴定出特定功能的蛋白质。蛋白质功能模式的研究主要是揭示蛋白质相互作用的连锁关系和蛋白质发挥功能所依赖的结构基础，并为了解大量涌现出的新基因的功能提供依据。

　　蛋白质组学不断深入发展，将在揭示诸如生长、发育和代谢调控等方面取得突破，并为探讨发病机制、疾病诊断与防治和新药开发提供重要的理论基础。例如，可以应用蛋白质组技术发现药物作用的新靶点、研究药物代谢酶谱的变化以及药物产生毒副作用的相关蛋白质因子，从而为发现新药、研究药物作用机制以及指导临床合理用药提供可靠的理论依据。

（四）神经生物化学

　　神经生物化学可能是现代生物化学发展的最大热门，因为神经系统不仅是生命活动的中枢，而且与学习、记忆、语言等生命活动直接相关，可能是生命活动中最复杂、最精细的内容。人脑是神经系统最高的组织形式，是最复杂的器官，是一切精神活动的物质基础。分子生物学的概念与技术已渗透到神经生物学的多个分支，并与其他实验技术相结合，推动神经生物学的全面发展。进入21世纪，神经生物化学的研究已经取得了惊人的进展。

　　（1）突触传递和膜兴奋分子元件的结构和功能。根据结构，受体可以分为三类，包括递质（配体）门控性分子通道、G蛋白耦合受体和催化性受体，这三类受体的结构都已经通过重组DNA技术克隆阐明，受体的克隆为寻找新的高选择性的药物提供了机会。大量的细胞外信号需要通过G蛋白转导为细胞内效应，已知G蛋白可以直接影响离子通道。根据G蛋白的α亚基结构，G蛋白可分为Gs、Gi、Go、Gq、Gt等。递质转运蛋白又使释放的神经递质回到末梢或摄取到胶质细胞。许多递质转运蛋白也被克隆，如GABA转运蛋白和囊泡膜的单胺类转运蛋白等。与递质释放的某些有关分子，已有多种获得纯化，如Synapsins，VAMP（Synaptobrevin）、Synatophysin、Synaptotagmin、RAB-3、Syntaxin等以及囊泡递质转运蛋白。电压门控性离子通道研究较多的有钠通道、钙通道和钾通道，而首先被克隆的就是钠通道。

（2）神经系统发育研究已发现，决定成为神经元的基因有Proneural基因（赋予细胞有发育成神经元的潜能）、Neurogenin基因（选择成神经元）和Selector基因（决定成为哪一种类型的神经元）。一旦细胞被决定发育成为神经之后，需要一些物质使它分化成熟并继续存在，这种物质称为神经营养因子，如神经生长因子（NGF）。神经元之间建立联系要依赖许多分子暗号（Molecular Cues），神经元轴突的生长锥（Growth Cone）有识别分子暗号的受体，在不同时间和空间先后表达，以建立神经之间相互联系的分子机制。

（3）重组DNA和神经系统疾病。应用基因治疗技术在帕金森病方面已取得进展。神经营养物质，如NGF，已能用重组DNA技术生产。多种神经系统遗传性疾病和退化性疾病的基因已被克隆，它们的基因治疗已经被提上了日程。

三、我国在生物化学领域的成就

我国古代人民在劳动生产实践中已经积累了不少生物化学知识，如酿酒、造醋、制酱、做豉和生产麦芽糖等技术，在《食疗本草》中也记载了运用营养知识治疗疾病的原理。这些事实表明，我国劳动人民对生物化学知识的运用比西方国家早500~1 000年。

1938年郑集编写了《生物化学实验手册》（A Laboratory Manual of Biochemistry）正式在成都华英书局出版，这是我国第一本生物化学参考书；1946年，郑集教授在前中央大学医学院成立生物化学研究所，这是我国生物化学发展史上第一个生物化学专业研究机构。中国早期生物化学的开拓者都是从美国或欧洲留学回来的学者，如协和医学院的吴宪、前齐鲁大学医学院的江清等，对中国早期的生物化学发展有着特殊的贡献。尤其是吴宪对中国生物化学的发展影响巨大，在他的领导下，中国科学家完成了蛋白质变性理论、血液的生物化学检测、免疫化学、内分泌等研究，并在这些方面做出了重要贡献。

1949 年后，我国生物化学迅速发展。1965 年，我国人工合成了具有生物学活性的牛胰岛素，这是世界上第一个人工合成的蛋白质；此后，又合成了许多具有实际应用价值的多肽激素；1972 年，我国科学家用 X 射线衍射法测定了猪胰岛素的空间结构；1981 年，实现了酵母丙氨酸 tRNA 的人工全合成，这是世界上首次人工合成的核糖核酸，这项研究还带动了核酸类试剂和工具酶的研究，带动了多种核酸类药物，包括抗肿瘤药物、抗病毒药物的研制和应用；1999 年我国承担了"人类基因组计划"1% 的测序工作并于 2000 年 4 月完成了人第 3 号染色体上 3 000 万个碱基对的工作草图；此后，我国科学家又相继绘制完成了水稻基因组精细图、家蚕基因组框架图，在国际科学界引起强烈反响，标志着中国的生物科学研究跻身国际前沿行列。

此外，我国在酶的作用机理及应用、免疫化学、血红蛋白变异、植物肌动蛋白结构与功能、生物膜结构与功能等方面都取得了达到国际水平的研究成果。

第二章 实践教学发展与体系构建

近年来，国家引导部分地方普通高等院校向应用型院校转型，推动高校内应用类专业的发展，目的是为了使高等院校直接对准地区经济的发展需要培养应用型人才，全面地提高学生的实践能力、岗位竞争力、创新能力，为他们未来的职业生涯打下扎实基础。对于高等院校的应用专业而言，要培养应用型人才，就需要在抓好理论教学的同时更加注重实践教学。因此，实践教学是目前各个高校应用类专业培养经济社会发展所需要的应用型人才过程中重要的研究课题，也是全面提升学生实践能力的重要途径。

本章以全面提升学生的实践能力为出发点，对实践教学体系进行研究。分别从实践教学及其体系概述、实践教学体系要素、实践教学体系的现存问题、实践教学体系的构建策略四个方面，对我国目前高校教育中实践教学的应用与实践教学体系的构建两个课题进行研究和探讨。

第一节 实践教学及其体系概述

一、什么是实践教学

（一）实践教学

实践教学的内涵，可从狭义和广义两个方面解释。狭义的实践教学就是指由借助一定的手段，有确定目标、主题的实践活动；广义的实践教学则指贯穿整个教学过程，以培养学生的岗位综合能力、职业技能、专业知识和职业道德为目标的所有教学活动。

狭义的实践教学和广义的实践教学都具有很明确的目的性，并且都很注重学生实践能力和技术能力的提升，但不同的是：狭义的实践教学说的是有具体实践目标的教学活动或是为了达到某一项教学目标而设计的短期的实践活动。两次狭义的实践活动之间是独立的、相互隔离的，是完全不同的两次活动。而广义的实践教学是由很多狭义的实践教学组成的，这些狭义的实践教学有共同的实践目标、明确的实践体系，科学合理地渗透在学生的各学习阶段。在大学生物化学专业的实际教学过程中，多是以广义的实践教学为指导，将传统理论教学过程与狭义的实践教学穿插进行。本章主要探讨的就是狭义的实践教学方法。大学生物化学专业中常用的实践教学形式主要包括参观访问、实地调查、实验活动、实训教学、生产性实训、毕业设计等。

（二）实践教学体系

教学体系是用体论的思维和方法，思考和指导相关的教育活动。所以可以将教学体系解释为：为了达到一定的教学目标，遵循一定的教学准则，由若干教学活动要素相互影响、相互作用而构成的体系。本章主要参考了国内学者关于教学体系要素说的主要研究，对三要素说（三要素分别为学生、教师和教材）、四要素说（四要素分别为教师、学生、教学内容和教学手段）、五要素说（五要素分别为教师、学生、教材、工具、方法）、六要素说（六要素分别为教师、学生、教学内容、教学工具、时间、空间）、七要素说（七要素分别为学生、教学目的、教学内容、教学方法、教学环境、教学反馈和教师）分别进行了研究，这几种教学体系都在一定时期、一定条件下发挥了巨大作用。本章根据当前生物化学专业教学的实际情况，选取了六要素说对实践教学体系进行分析，并在第二节对各要素进行详细论述。

实践教学体系的目的是达成教学目标，促进教育教学的有效顺利发展。实践教学的相关要素是相互联系并且互相制约的整体。实践教学体系是由实践教学目标、实践教学内容、实践教学管理及评价、实践教学保障等几大要素构成，同时还包括制定实践教学大纲和实践技能操作规范，选择与实践教学内容配套的教学方法，加强学校与政府、企业的合作，建设校外实训基地，等等。实践教学体系是一项非常复杂的工程，要综合运用诸多因素，但与此同时又是一个动态的工程，所以要不断地以现实为依据、以学生全面发展为目标来升级改良。

（三）开展实践教学的重要意义

（1）实践教学与理论教学深度融合，在应用型人才培养中承担更重要的地位。

（2）实践教学更加贴近社会、贴近实际。主要体现在：第一，实践教学配合职业资格准入制度的推行；第二，实践教学体系制定的主体由以学校为主导转变为以学校和相关企业、行业为主导；第三，实践教学教师来源社会化；第四，实践教学实现校企合一、校企深度合作等多种模式共建实践教学基地。

（3）实践教学逐渐倾向经营化。一方面，通过校企合一模式实现实践教学基地的经营化，实践教学设备、设施就是企业生产一线的先进设备，课程的完成直接产出经济效益；另一方面，学生的作业就是生产任务，学生用工时换取相应学分，还可以得到相应的津贴。

（4）实践教学呼应了终身教育的潮流。实践教学注重对学生实践能力的培养，而这种能力将贯穿于学生的工作与生活，适应经济、科学极速发展的社会现状，兼顾学生的知识、能力和工作技能的共同提升，考虑到学生在未来岗位的职能转变和终身学习的需要。在教学方法上，逐渐由现在的以技术性实践为主过渡到技术性实践与反思性实践并重。

（5）实践教学的形式复杂多样。由于教学形式、教学目标以及评价考核标准的不断改进，实践教学的形式将更加灵活多样，涉及的因素将更加繁杂。

二、实践教学形成的理论背景

《国家中长期教育改革和发展规划纲要（2010—2020年）》第七章二十二条指出："优化结构办出特色。适应国家和区域经济社会发展需要，建立动态调整机制，不断优化高等教育结构；优化学科专业、类型、层次结构，促进多学科交叉和融合；重点扩大应用型、复合型、技能型人才培养规模。"

另一方面，随着社会的发展和科技的进步，社会各行业对人才的衡量标准和要求也在不断地发生着变化。相对于一纸文凭，用人单位在聘用应届毕业生时更看重是否具有较强的实践动手能力和较高的综合素质。因此提升学生的实践能力是提高其就业竞争力的关键。

高等院校的人才培养目标不同于高等职业院校培养的参与生产和服务的技能型人才，也不同于研究院培养的以基础理论研究为主的理论型人才，它是介于这两类院校之间，主要结合了以上两类院校的突出特点，不仅培养学生获得一定的基础知识，而且须教会学生一定的实践技能。因此实施实践教学是高校实现人才培养目标的重要手段，它对提高学生的综合素质，培养学生的创新意识和创新能力，使学生成为具有社会竞争力和国际竞争力的高素质人才具有非常重要的意义。

我国高等院校在建设实践教学方面进行积极探索，但实施过程中普遍存在理论与实践脱轨，实习模式中缺少实践课程建设，学生存在实践能力薄弱、岗位上手能力弱、就业难等问题，实践教学体系的构建对于高等院校应用专业的发展至关重要。对高校而言，应用型本科教育就应该落实到各项措施上，比如教学科研、人才培养、服务社会、管理工作、质量保障等方面要有一个科学准确的定位。这其中应用型人才培养将是高校教育改革与创新的重点，而实践教学作为应用型人才培养过程中的关键环节，将会在其中发挥举足轻重的作用。

因此，实践教学能够在应用型人才培养过程中发挥重要作用，实践教学研究正是在贯彻落实国家政策方针的基础上，结合我国劳动力市场对应用型人才需求特点，以及高校转型背景下对实践教学体系的建设和实施进行研究。本章通过对高校转型背景下应用型院校、普通高校内应用类专业的实践教学体系进行深入研究，探索、梳理、概括已有的研究成果，在优化现有研究基础之上提出更加适合于高校转型背景下应用型本科院校的实践教学体系。

三、国内外高校实践教学的发展

（一）国外实践教学模式研究

在国外没有应用型院校这一概念，但相关职业技术教育开始很早，到目前为止相关研究也比较成熟。本书对搜集到的国外应用型本科教育实践教学模式的资料进行整理，得到表2-1。

表2-1　国外有关实践教学模式的研究

国家	实践教学模式	人才培养方案制订	实践基地	理论/实践课时比例
德国	"企业主导型"	学校、企业	企业	3∶7
加拿大	"能力中心的课程开发型"	学校	企业	1∶3
英国	"资格证书体系推动型"	学校	企业	1∶2∶1
澳大利亚	"TAFE"	学校	学校、企业	2∶8

1.德国 FH "企业主导型" 实践教学模式

FH（Fachhochschule 的简写），即德国应用科技大学，于 1968 年成立。FH 自成立之初就存在这样一份协议："FH 是建立在传统的基础理论知识上来对学生进行教育，目的是让学生最终能够顺利通过国家要求的毕业考试，将来可以单独胜任某个职业岗位。"因此，从 FH 毕业的学生对于比较复杂、难理解的理论不需要运用得很熟练，但必须要接受基础理论教育和充分的职业技能训练，使他们将来可以在某一专业领域中能够独立胜任某个职业活动。

2. 加拿大"能力中心的课程开发型"实践教学模式

CBE（Competency-Based Education）是加拿大目前开展的一种实践教学模式，目前世界上实施这一模式的国家非常多。这种教学模式主要以能力培养为中心，以能够满足岗位需求为基础，根据学生未来将要胜任具体某个岗位必须具备的专业理论、实践操作能力进行专业课程的开设、教学计划的制订、过程的管理与实施，包括对实践教学的方法和内容的选择、评价办法的运用等。以确保学生不仅可以获得胜任某个专业岗位的技术能力，又可以把课本知识与实践相互联系起来。

3. 英国"资格证书体系推动型"实践教学模式

英国的职业技术教育的开展以及实践教学体系的实施主要依靠着国家资格证书体系来推进。英国目前的职业技术教育领域建立起了两类相关职业资格证书。一类是以 NVQ 为代表，主要指英国国家职业资格证书，这类证书是依据英国国内有关单位规定，可以胜任相关某个专业岗位而必须具备的职业资格标准。申请者想要获得这类证书，就要由国家专门的职业能力考核评价机构对其所具有的职业技能进行科学规范的考核和评价。另一类则以 GNVQ 为代表，指英国国家通用的职业资格证书。英国国内各类职业资格证书之间可以进行一定的互换。

4. 澳大利亚的"TAFE"实践教学模式

TAFE（Technical and Further Education）是澳大利亚职业教育培训的英文缩写，称为新型现代学徒制度。TAFE 模式的核心是"以职业能力为本位"，开设课程具有针对性强、实用性强的特点，课程内容也会结合生产实际及时修订。学生学习过程中在生产一线进行工作本位学习的时间与在学校进行学校本位学习的时间比例为 8∶2。同时，TAFE 要求专职老师要定期要进入企业或行业内进行专业岗位的实践，让他们时刻关注产业界的动态。

（二）国内对各类实践教学模式的研究与探索

本章通过对国内实践教学的应用现状与相关研究进行梳理，发现目前我国有关实践教学的研究主要有下列几个方面。

1. 对高校构建实践教学体系重要性的探讨

胡梦红、刘其根两位老师曾在《地方应用型院校构建实践教学体系的重要性》中提到，随着劳动力市场对应用型人才的需求量加大，高校已经成为我国应用型人才培养的重要基地。应用型本科人才培养的重要环节在于充分发挥实践教学的突出特点及优势。他们还在文章中强调构建科学完善的实践教学体系和实施措施，教会学生扎实的动手操作能力，是实践教学最基本的教学目标和特征体现。发挥实践教学的突出特点，是应用型院校与研究型大学不同发展的关键。除此之外，还有研究认为实践教学环节对培养应用型人才具有重要的作用，应在实践教学体系研究中对体系构建的总体框架和具体要求进行实际分析。

2. 对高校实践教学模式的探讨

有学者根据我国高校实际教学情况提出多层次内容循环渐进的实践教学模式，该模式包含内循环和外循环两种循环。内循环指的是多个层次的实践内容构成的一种循环，外循环则指的是实践教学活动中的教师以及学生构成的一种循环。因为这类实践教学模式是一种正向有序的循环模式，因此采用这类循环模式的实践教学，无论是对实践内容还是对实践教学中的教师和学生来说都可以起到非常好的成效。除此之外，还有学者提出要创新实践教学模式、提升教学团队的整体认识水平，并以"五个平台"（创业教育平台、合作学习平台、科学研究平台、社会服务平台、成果转化平台）为特色，对实践教学活动进行具体研究。

3. 对高校内进行实践教学改革的探讨

有学者在研究中提出要分层次、分阶段、循序渐进地推进实践教学改革，通过改革课程体系和教学模式，来创建核心课程和提升核心能力。基于目前高校实践教学的现状，要不断创新实践教学的课程体系、培养创新意识、完善实践教学体系，使实践教学与社会经济的快速发展相适应，充分体现实践教学的前瞻性和创新性，保证实践教学的质量。

4. 对高校内构建实践教学体系的现状问题探讨

多位学者立足所在高校，分析自身不足，从实践教学的各个方面探索教学体系的构建方法和面临的问题。吉林大学珠海学院的陈裕先老师就提出实践教学体系的五大体系，即目标体系、内容体系、管理体系、评价体系和保障体系，并对这五大体系的存在的问题与不足，以及优化建议提出针对性意见。大多数教学研究者，尤其是处于应用学科教学一线的教师们都认为针对实践教学过程中出现的问题和不足，应当在打破传统的实践教学模式的基础上，加大对实践教学改革创新。只有明确实践教学在高等教育中的核心地位，对实践教学体系进行整体设计，强化实践教学的重要作用，才能构建真正适合高校发展的实践教学体系。

四、实践教学的理论基础

（一）马克思主义实践观

马克思主义实践观认为，实践是人类认识的来源，实践也是认识发展的根本动力，人类认识是否正确的唯一检验标准就是实践。实践与认识是辩证统一的关系，实践决定认识，认识又反作用于实践。概括来说，马克思主义实践观认为实践是人类的存在方式，人的主体地位通过实践得以体现，实践是实现人的全面发展的根本途径。

教育是实践活动的一种，人在教育活动中作为主体而存在。人们在自身的实践过程中，通过主客体之间的互相联系和作用不断地改造着人类社会的形式组成和活动内容。在实践过程中，人们不仅能提高自身的知识和能力，更重要的是这个过程伴随着人们世界观的形成或转变、社会生活所需基本素质的形成，最终实现了个人素质、个性发展以及自我价值的进一步统一。

在应用型人才培养过程中，学生是教育活动的对象，为促进学生全面发展，要使学生真正成为教育实践的主体，更好、更快地进入职业生涯，这必须通过实践教学来实现。实践教学不仅可以突出学生在实践教学过程中的主体地位，而且可以使学生在参与实践教学过程中不断地学习和积累社会经验，使学生的知识、技能及思想道德等多方面得以提升。通过组织学生开展生产见习、工程训练、课程实验、毕业论文等不同形式的实践教学活动，可以更好地提高学生自身的主观能动性，让学生学会运用所学理论知识在实践中发现问题、分析问题、解决问题，让学生的动手操作能力和创新能力得到更好的发展，也满足了人的全面发展的需要。

（二）生活教育理论

陶行知的生活教育理论主要包括三方面的内容：生活即教育、社会即学校、教学做合一。"生活即教育"是陶行知先生教育理论的核心，生活教育是指利用生活去教育、为了生活而教育、在生活中教育。生活到处都存在着教育意义，所以用生活来教育，既有说服力又能引发思考。教育的根本就是提升自我，改变生活。生活教育理论就是说教育不是空中楼阁，必须取之于生活，用之于生活，最后的落脚点还是实践。

（1）生活教育理论的开放性。在"社会即学校"的理论下，教育的各个方面都会得到很大程度的延伸，如教育的方式方法、教育的工具材料、教育的环境以及手段等等。教育的环境也由学校扩展到整个社会，教育场所也将不受限制，教育的身份也会随着学习的内容而进行转换。

（2）生活教育理论的可持续性。生活教育理论提倡的是像生活一样的终身教育，生活贯穿于人的整个生命。该理论打破了传统认识中对于教育有时间限制的认识，生活教育对于教育的态度是活到老、做到老、学到老。陶行知反对把人的教育分阶段的学制思维，他认为只有在生活中不断地接受教育、终身学习，才能保证人的可持续发展。

（3）生活教育理论的实践性。行动是获得知识的开始，知识的获得是行动的成果，要过程行之有效才能获得真知，行动不仅是获得知识的前提还是创造的基础。这种先行、后知、再创造的思维与认识来源于实践的唯物主义思想相吻合，是唯物主义的教育观，这种教育思维也是当下高校重视素质教育、推行培养应用型人才的一系列措施的第一性原理。特别是对注重培养应用型人才、致力于促进区域经济发展的高校，有着更为重要的意义，将促进学校人才培养理念、人才培养模式以及人才培养目标的转变，进而强化自身实践教学的能力，输出更多优秀的人才。

（三）多元智能理论

1983 年，美国著名的心理发展学家霍华德·加德纳提出了多元智能理论。他认为，在传统的教育过程中，学校往往单方面强调学生在数学和语文（包括读和写）两方面的发展，而这并不是人类智能的全部，他认为不同的人可以有不同的智能组合。他在《心智的架构》一书中提出，人类的智能至少可以分成语言智能、逻辑数学智能、空间智能、肢体运作智能、音乐智能、人际智能、内省智能等七个范畴（后来增加至八个）。多元智能理论的这种框架最早只是在学前教育以及小学教育的阶段进行推广，目前该理论在中学、大学甚至职业培训也是适合的。

多元智能理论对于应用型本科院校而言也是适用的。在应用型人才培养的过程中，应该正确对待学生的个体差异，针对不同知识基础的学生，教师在实践教学过程中可以采用多种教学手段和方式呈现出"多元智能"的教学策略，充分促进学生潜能的开发，最终让学生都能有所收获，成为劳动力市场备受欢迎的应用型人才。所以，应用型院校要加强对实践教学过程的重视程度，不应只重视理论教学而忽略实践教学。在实践过程中教师应该将课堂教学与实践相互联系起来，充分激发学生学习的积极性，通过实践环节让学生不断获取新的知识和能力，将课本上的理论转化成学生的实际工作能力。这样不仅提高了应用型人才的应用能力，也从另一方面为学生今后就业做好充分的准备。

（四）实用主义教育思想

实用主义的创始人是皮尔士，该理论后来经过詹姆士的研究得以充分发展。而杜威则让实用主义更加系统完善。他将实用主义与教育相结合，提出了自己的教育思想，如"从做中学""教育即生活"和"学校即社会"等关于教育本质的理论，一直是西方教育改革的思想源泉。

（1）实用主义的"从做中学"说。杜威的"从做中学"理论，贯穿于课程设置、教学方法、教学组织形式、教学过程之中。杜威的"从做中学"也就是指"从活动中学"，他提出的活动形式多种多样，包括园艺、烹饪、缝纫、印刷、纺织、油漆、绘画、唱歌、演戏、讲故事、阅读、书写，等等。他认为学生是从参与具体的实践活动、自己发现问题、对问题进行加工分析、解决问题的实践过程中获取知识。这一理论思想为实践教学奠定了理论基础。

（2）实用主义的"教育即生活"说。杜威在《学校与社会明日之学校》一书中针对传统教育中的"教育预备说"提出了"教育是生活的过程，而不是将来生活的预备"。从杜威的这一思想可知：生活即是实践，实践即是生活。我们可以在实践中获得和发现很多书本上没有的内容，对此进行思考和学习，从而获得自身的发展。杜威指出："以经验为基础的教育，其中心问题是从各种现实经验中选择那种在后来的经验中能富有成效并具有创造性的经验。"因此，在教学过程中注重实践教学，让学生能够在行动中形成自己的反思，提高自身实践能力，从而获得自身成长与发展。

（3）实用主义的"学校即社会"说。"学校即社会"思想是在"教育即生活"的基础上衍生出来的，杜威认为"学校主要是一种社会组织，教育既然是一种社会过程，学校便是社会生活的一种形式"。所以学校不仅仅是学生学习书本知识的场所，还要成为学生将来进入社会的前期准备场所，学校和社会的关系即为教育与实践的关系。

杜威的实用主义理论对之后教育的发展和改革产生深远的影响，但是也多少体现出了一些局限性和不足。比如该理论夸大了学校的功能，对教师要求过高，对社会的定位分析不够明确，实践操作起来难度较大；"从做中学"中强调机械劳动、手工劳动，但随着技术和科技的发展，现代社会对人才的要求更高，对劳动者的技术实操水平要求也更高。所以在我国，可以根据国情，创新地利用杜威的实用主义来指导实践教学体系的构建，不断地发展和完善我国实践教学体系。

（五）能力本位教育思想

能力本位教育（CBE）思想形成于20世纪60—70年代一股世界范围职业

教育与培训的思潮。20世纪60年代，在美国的课程改革运动中，人们把对当时教育质量的不满归咎于教师的教育、教学能力不足，于是要求改革师范教育，提高教师与教学有效性相关的能力。可是当时学者对"能力"本质的理解是偏向行为主义的，是根据一系列具体的行为来界定"能力"。1967年，能力本位教育被提出来以取代传统学科培养教师的师范教育。能力本位教育主张将对教师工作分析的结果具体化为教师必须具备的能力标准。到20世纪70年代，能力本位教育思想日渐成熟并开始运用到职业教育和培训中来，还被广泛应用于一些地区的职业教育和培训中，在北美尤其盛行。

能力本位教育思想重心放在能力上，核心是从职业岗位的需求出发，层层分解确定从事某种岗位需要具备的能力，然后以此为目标制定教学规划，并且最后以此为标准进行考核。在能力本位兴盛之前，教育一直秉持知识本位原则，随着时间的推移，知识本位显现出诸多弊端，如专业能力、动手能力以及综合能力较弱等，为了解决这些问题，优化高校教育，"能力本位"应运而生并且对很多国家的高职高专教育起到了积极作用。能力本位的教育思想可以渗透到实践教学的各个环节中，如教学目标、内容、课程、教材、师资、基地建设等。

能力本位教育思想强调职业技能和综合能力的培养，其内核是融合知识、技能和态度为一体的结构形式，主要包括以下四个方面内容。

（1）培养所属职业相应的基础能力，如基础技术水平、基础知识水平。

（2）培养职业要求的基本职业素养，这是许多发达国家技术型企业倡导的关键能力，如公关能力、心理承受能力、协作能力、解决矛盾的能力等等。

（3）培养参与工作后的适应能力以及职业岗位变动的应变能力。

（4）培养在相应岗位上的创新能力，如管理方法的创新、工艺流程的改进、技术专利的发明等等。能力本位的教育方法最大的特点就是教育目标明确，即培养学生的素质与能力，使学生能够更好地从事某个职业。能力本位教育目标具体、针对性强，具有很强的操作性。

但能力本位教育思想在实际操作时也有其弊端。

（1）教育目的太过功利导致教育行为过于倾向于培养学生的职业技能，从而忽视了学生职业素质的培养；教学针对性太强，忽视学生其他能力的培养，不利于学生的全面发展和终身教育的达成。

（2）教学活动过于机械，过分强调与学生专业相符的职业能力，大量重复的机械性练习容易扼杀学生的创造能力和开拓性思维。

第二节　实践教学体系的构成要素

实践教学体系包含实践教学目标、实践教学内容、实践教学管理、实践教学保障、实践教学评价等基本要素。这些要素不是相互孤立的，而是相互联系，共同保障实践教学体系的运行。

一、实践教学目标

实践教学目标是各构成要素的核心，是实践教学应该达到的标准，是一切实践教学活动的出发点和归宿。它决定着实践教学内容、管理、保障、评价体系的结构和功能，在一定程度上决定其他体系的有效运行。实践教学的目标分为不同层次：实践教学人才培养总目标、各高校实践教学目标、各专业培养目标及根据实践教学内容不同而确立的目标。

实践教学目标与理论教学目标的主要区别在于将教学融合到应用领域的过程中，锻炼和提高学生的理解、应用、执行能力和素质，培养应用型人才。不同层次的实践教学目标都要突出实践性。实践教学体系的人才培养目标是培养面向生产、面向建设、面向管理、面向服务、实践能力强、具有良好职业道德素养的技能型人才。应用型本科各专业的培养目标是依据一定的教学理论、本专业的特色、需要掌握的专业技能，以就业为导向，以服务为宗旨，主动适应形势的发展，深化教学改革。根据实践内容和实践方式的不同可以将实践教学目标细化为通识实践目标、学科基础实践目标、专业技术实践目标、研究创新实践目标等。

二、实践教学内容

实践教学内容为实践教学目标服务，是实践教学的中心环节。合理的实践教学内容不仅有利于学生掌握扎实的基本知识与技能，而且对提高学生的综合素质大有好处。

实践教学内容的选择要遵循职业能力的形成规律，符合专业特点，符合教学规律，同时与理论课程相对接。

实践教学的内容应朝着多元化和完善化的方向发展。内容的选择上要突出学生的主体性，充分发挥学生的主观能动性，采用多样化的实践教学方法，从而调动学生学习的积极性。推行自主学习、合作学习、研究学习的教学模式，增加演示示范、验证练习、项目教学、案例教学、模拟教学、参观、调查等教学方法的使用。同时，积极倡导多媒体教学，发挥网络的教学辅助作用。具体的实践教学内容可以包括三大方面：一是实训教学，包括实验、实训、科研训练；二是实践教学，包括社会调研、实习、社会实践；三是创新教学，包括学科竞赛、创业项目、毕业设计论文。这些内容相互支撑，构成完整的实践教学内容体系。通过实践教学内容的开展，锻炼学生的实践能力。

三、实践教学管理

实践教学在各个方面都比理论教学的投入大，实施更为复杂，教学过程也较难把握，因此实践教学管理是一个综合性很强的系统工程。有效的实践教学管理可以使人、财、物的潜能得到充分发挥，提高运作效率，进而提高实践教学的水平。

实践教学管理体系包括实践教学管理机构、实践教学管理制度及规范、实践教学质量监控等等。主管实践教学的领导和职能部门负责统筹实验室的建设及实践教学工作的开展，同时需要教务、人事、财务、后勤等相关部门密切配合。各二级院系按照上级的要求对人、财、物进行自行管理。为使实践教学管理有章可循，高校要建立健全实践教学制度及规范，根据实践教学内容的不同需要制定关于实习、实验、实训等的规章制度，同时制定实践教学大纲及实践教学指导书等配套文件。在管理的过程中，须加强监控，及时进行反馈。

四、实践教学保障

实践教学的开展需要必备的保障，主要包括政策及制度保障，实训基地、设施、资金及师资队伍保障，等等。

1. 政策及制度保障

国家相关政策对实践教学起到保障和引导的作用。2012年《教育部关于全面提高高等教育质量的若干意见》中强调要"强化实践育人环节"。2014年《国务院关于加快发展现代职业教育的决定》提出，要"加大实习实训在教学中的比重，创新顶岗实习形式，强化以育人为目标的实习实训考核评价"。在国家政策引导下，实践教学的地位越来越重要，新时期高校更应积极探索建立完善、配套的实践教学制度体系，包括实践教学的管理体制、实践教学效果评价制度等等。

2. 实训基地、设施、资金保障

实训基地是学生提升专业技能的主要场所，为学生提供实践的机会和平台，通过创造良好的环境激发学生学习的积极性和操作热情。校内的实验室、实训基地是基础，可以完成一些项目的基本操作，既能提高实训效果，也大大降低办学成本。校外实习基地是校内实训场所的延伸和补充，能有效缓解校内资源不足的压力，也是学生走向社会的一个过渡桥梁，能够为学生提供包括基本技能和综合能力等多方面的实践训练。

实训基地主要分为三种：实验室、校内实训基地和校外实习基地。实验室是基础，校内实训基地是拓展，校外实习基地是综合。高校应该统筹规划，促进实验室、校内实训基地和校外实习基地协同发展。实验室是学生熟悉基本操作的场所。为保证实验的专业性，各高校必须加大对实验室的投入。校内实训基地主要是专业的实训室。学生在拥有一定专业基础知识的前提下，由实训导师带领在实训基地实习，以巩固专业基础知识，也就是通过专业基础知识和实践操作能力的交替学习来达成实践教学的教学目标。高校应完善校内实训基地的建设，创造真实的实训环境。校外实习基地主要是选择和学生专业密切相关的用人单位，通过学校将企业和学生联合，安排学生定期去实习基地实习提升自身专业技能，帮助学生更真实地认识岗位职责，提高自身职业道德素质，有利于学生毕业后更快地适应职业发展需要。高等院校应选择与一批有一定规模并相对稳定、技术先进、管理科学的单位合作，建设稳定的校外实习基地。

实践教学的设施主要是实习、实训、实验、实践需要使用的各种器具等。只有设施完善，实训基地才能发挥应有的作用。高校应该加大资金的投入，购置配套的设施，保证实习、实训、实验、实践等内容的顺利开展。同时，提高使用率和利用率，定期对设施进行检修、维护。总之，实践教学的实施需要人、财、物各方面的保障，需要学校、企业乃至政府的资金支持。高校需要加强与社会企业、兄弟院校的合作，保证资金的充足，同时建立科学的实践经费投入机制，根据情况适时地调整经费投入计划，提高实验室等资金投入的运行效益。

3. 师资保障

教师在实践教学中处于主导地位，实践教学师资的素质和水平对深化实践教学改革、提高实践教学质量起决定作用，教师的实践能力直接关系到学生实践能力形成效果。实践教学的教师不仅要有较高的专业基础知识储备、较强的教育教学能力，还要有较高的实践技术水平以及良好的职业道德素养。也就是说，实践教学工作需要既精通理论知识又熟悉操作技能的"双师型"教师。

目前高校内从事实践教学的教师通常包括三类人员：第一类是理论教师中具有较强实践能力、能够承担实践教学指导的理论、实践"双肩挑"教师；第二类是校内专职实践指导教师；第三类是校外企事业单位兼职教师。培养实践教学师资队伍一方面可以聘请来自企业、社会的工程师、专家作为兼职教师，另一方面可将教师、实验师送到相关企业、机构学习并获取相应的技能和证书。为了稳定实践教学的师资队伍，多采取定岗、定编、职称评定等方面的激励措施。

五、实践教学评价

教学评价具有导向、改进和激励的功能。建立科学的实践教学评价体系不仅可以起到监控实践教学的作用，也能作为教师教学方法和学生学习方法的正确导向，同时对实践教学效果具有强有力的牵引作用。合理的实践教学评价需要有完整的评价体系、多元的评价主体及多样的评价方法。

评价的主体有学校、用人单位、教师以及学生。多元化的评价主体才能保证评价的有效性。对教师和学生进行评价，通常是从教师的实践知识、实践能力、职业态度、职业素养等方面进行，从学生的专业基础知识、专业技能等方面进行。通过有效的评价可以督促教师积极探索实践教学的方法，提高实践教学的质量，可以使学生重视实践，调动其学习的积极性。

对实践教学的评价主要是将过程性评价与终结性评价相结合，这样才可以有效地检验学生的知识和技能水平。同时针对不同的课程类别将多种方法相结合，体现出评价方法的多样性。

课程实践考核可采取闭卷考试、开卷考试、口试答辩、动手操作、作业或论文等多种方法。集中性实践教学环节考核可采取现场汇报、团队合作考试、小组调查报告、案例剖析、情景模拟、论文等方法进行。课程设计与毕业设计（论文）的成果可采取小组或个人答辩等方式进行。实验课的过程性评价可以包括实验预习、实验过程操作、实验结果与报告、课堂考勤等。实习的过程性评价可以包括考勤、工作态度、工作能力和工作效果等。终结性评价以期末考试试卷、实习或实验报告等方式进行。

总之，根据实践教学活动的不同，从实验、实践、实习、毕业论文等多个方面建立评价指标体系。根据评价对象的不同，从教师、学生等不同主体出发，建立适合的评价指标体系。评价标准的设置主要根据职业资格标准，围绕应用型人才培养目标，突出培养学生的动手能力、创新素养。建立完整的评价指标体系、细化评价标准，才能保证实践教学的顺利进行。

第三节　实践教学体系的主要问题与构建策略

一、实践教学体系构建的主要问题

我国高校对实践教学体系的构建还处在起步阶段，多存在"理论为主、实践为辅"的偏见，对实践教学的重要性认识不足，实践教学体系建设的总体水平不高，存在一些问题。

（一）教学目标不明确

许多高校积极探索实践教学目标的确立，但还存在一些问题。

（1）受"重理论、轻实践"观念的影响，有些实践教学目标重在传授知识，轻视解决问题的能力，教学目标的设定不是为了培养实践能力，而是为了加深对理论的理解，或只是注重学生技能的发展，而忽视了创新能力的培养。

（2）很多高校对于实践教学的理解仅仅停留在表面，实践教学目标的设定与用人单位对人才的需求不符，无法联系社会实际，与当下的技术发展不相适应。实践能力定位不够准确明晰，缺乏系统的分析。

总体来看，高校进行实践教学的主要目标还是在理论教学的基础上确立，并为理论教学服务的，一些目标无法联系社会及工作需要，也落后于经济发展对人才的需求。

（二）教学内容不丰富

高校在实践教学的内容方面存在一些问题，主要表现在以下几个方面。

（1）大部分高校重理论而忽视实践，人才培养方案中的实践教学环节都是围绕专业基础知识和理论教学来进行。实践课程设置比重偏低，实践学时一般仅占总学时的10%~20%。即使增加了实践课时，也有很多形同虚设。没有设置周密的实践教学计划，实践教学内容陈旧、更新不及时。

（2）很多院校实践教学活动覆盖面广，但是实践教学活动之间相互独立，脱离"层层递进、逐层拔高"的思想，以至于对单独的实践教学活动有概念、有纲领，但是整体来看思路不清晰，相互之间联系不够。

（3）实践教学任务设置不科学，没有通过相关用人单位和专家的认证，无法达到提升实践能力的目的。

（4）部分专业的实践教学难度不适宜，有一些工科类专业的实验项目仅仅停留在演示性和验证性的层面上，缺少综合性和研究性的实验，对学生实践能力的提高作用有限。由于实验条件的限制，有些课程的综合开发无法进行，造成实验内容浅显、不丰厚。

总体来看，实践课时少、实践环节相互脱离、实践任务布置不合理、实践内容浅显是高校实践教学内容上普遍存在的问题。

（三）教学方法不灵活

实践教学多延续理论教学的教学手段和方法，存在明显的欠缺，主要体现在两方面。

（1）很多高校的实践教学环节只停留在表面形式和程序上，缺乏真正有效的实践技能指导。实验实训前，教师把内容、方法、如何填写报告等都告诉学生，学生机械操作，遇到问题时不会主动思考，丧失了学习的主动性。课堂上，教师操作，学生观看，无法真正掌握操作技能。参加实训时，学生不能亲自动手操作，或无有经验的人员指导，只是敷衍了事。

（2）多采用填鸭式、灌输式的实践教学方法，新的教学方法使用少，也很少将多种方法结合使用，无法真正地调动学生学习的积极性，无法锻炼学生的动手能力。

总体来看，高校实践教学方法存在的主要问题是缺乏真正有效的实践教学指导、多使用传统的实践教学方法、新的教学方法使用少。

（四）教学管理不到位

高校对实践教学的管理存在一些问题，主要表现在以下几个方面。

（1）实践教学的管理人员、管理机构缺乏服务意识。有些负责实践管理的部门主要工作就是下发文件，不能及时进行过程监督、检查。实行二级管理时，责权不明确。涉及许多部门时，没有明确的分工，导致部门之间摩擦、推诿，影响管理的效率。

（2）管理制度不健全，管理过程随意性、盲目性大，无法达到高质量的管理。评价体系不健全，不能及时的监督反馈。

（3）缺少对实践教学管理的研究，多采用死板的管理方法，无法实现创新管理。

总体来看，高校实践教学管理主要存在管理机构责任意识不强、相关部门缺少协调、管理制度和评价不健全、管理方法死板等方面的问题。

（五）教学保障不完整

1. 实践教学制度不完善

许多高校的实践教学管理没有步入正轨，实践教学的制度不够健全，缺少实践教学管理方面的规范文件，尤其是缺少实践教学考核评价的制度、规范及细致的标准，因此造成学生的实践没有保障，管理部门无章可循。

2. 实践教学基地及设施支撑力度不足

高校的实践教学基地和设施也存在一些问题。

（1）部分高校实践环境基础薄弱，盲目增设专业，对教学设备投入的力度不够，或由于缺少经费支持，使得实训室设备落后、更新频率较低，缺乏关键的仪器设备。这在一定程度上影响某些专业实验课程的按时开设，影响实践课的开展，从而可能会导致教学计划不能按计划完成。

（2）一些院校实习基地不稳定，仅靠学生自己去找。有些学生托关系得到实习证明，仅仅流于形式，不能起到实践锻炼的目的。许多企业不愿接收实习学生，有些实习活动仅仅停留在见习层面，不够深入且专业程度较低，与教学要求相差甚远。这种分散式的实习也不便于教师进行管理和指导。

（3）一些院校为了保证学生实习，与企业进行合作。但是院校对于企业技术支持和科技推广方面不能提供很好的服务，即实践教学基地建设是基于企业生产实践，不能满足教学需要，这样也会限制学生创新能力的培养。

因此，从实验、实习的硬件条件来看，实训基地和实施不完善、没有稳定的实习基地是实践教学保障方面存在的最主要问题。

3. 实践教师队伍数量不足、结构不合理

随着社会对应用型人才的需求量增大，高校对实践教学教师的需求量也逐渐加大，出现很大的需求缺口。

实践教师队伍主要由专职的理论课教师、实验教师、实验室管理人员以及外聘教师组成。虽然基本可以达到教学的要求，但达不到实践教学效果。计算机等学科技术发展日新月异，更加突显出实践教师专业水平较陈旧，不能满足新技术的实验要求，难以培养出行业急需人才。实践教学师资队伍现有的教师在职称、学历、年龄结构上也存在不合理。首先，担任实践教学的教师以青年教师为主，这批青年教师除了承担实践教学任务外，还承担着比较大的理论教学任务；其次，具有工程实践经验的教师偏少，多数青年教师都是从学校毕业后直接应聘进来，缺乏实践能力。高校存在实践教师教学水平参差不齐、整体队伍素质不高、实践教学内涵提升缓慢等问题，严重影响实践教学活动的开展。

（六）教学评价不合理

高校积极探索实践教学评价体系的建设，但目前存在一些问题。

（1）套用照搬理论教学的评价模式来评价实践教学。缺少完整的实践教学评价体系，缺乏细致的评价标准。

（2）评价形式单一。除了毕业设计、实习外，很少有单独的成绩记入。以学生考勤、实验报告等为主，没有对学生创新能力、思考能力等内容的考核。毕业论文的评价无法体现出职业性，也很少与实践能力相结合。多以终结性评价为主，缺少过程性评价，通过一份试卷、一个报告来评定成绩，缺乏有效性。评价主体单一，以教师评价为主，缺乏公平性。

（3）评价过程不规范，随意性大。一些实践评价没有明确的评价标准，教师根据喜好随意给分，评价结果可信性低，导致学生缺少积极性，敷衍了事。

总体来看，实践教学评价体系存在的主要问题是缺乏完整的实践教学评价体系、评价标准不够细致、评价主体和评价方法单一、评价过程不规范。

通过上述分析可以看出，高校在积极探索实践教学体系的建设，但建设的过程中存在实践教学目标不够明确、实践教学内容不够丰厚、实践教学方法不灵活、实践教学管理不到位、实践教学保障体系不够完整、实践教学评价不合理等问题。只有真正解决了这些主要问题，才能建立科学的实践教学体系。

二、实践教学体系的构建原则

（一）整体性原则

实践教学体系是一个复杂、多元的整体，涉及社会、企业、学校以及学生各个方面，学生对于实践教学的需求也是多方面的。实践教学体系需要各个要素之间相互作用、相互协调、统筹兼顾，才能发挥最好的效果。因此必须要对这些要素进行不断的完善优化，才能为学生创造良好的实践教学环境，才能真正地实现实践教学的教学目标，为社会培养应用型人才。

实践教学体系的整体性原则主要体现在以下几个方面。

（1）实践教学体系内容具有整体性。实践教学体系的内容主要包括目标体系、设计体系、资源体系、管理和评价体系，这些都是实践教学体系不可分割的一部分，各个体系相互影响。

（2）理论教学和实践教学具有整体性。要把理论教学和实践教学放在同等重要的位置，在教学认知方面要使理论教学和实践教学达成统一，使得实践教学和理论教学既相互独立又相互支撑。

（3）实践教学体系的功能具有整体性。实践教学要满足主体的多元化的需求，学生实践能力的培养是实践教学体系构建的首要目标，与此同时还要培养学生的职业道德素养、团队合作精神以及创新创业能力等等。

实践教学是个复杂的整体，需要协调各要素相互配合。实践教学从整体上看要由易到难，从方式上要由分散到统一，完成由强调基本技能掌握到强调岗位群技能掌握的转变。

（二）实践性原则

实践是认知的来源，是提高学生专业技能、提升高校毕业生应用能力和实践能力水平的重要手段。所以实践教学体系的构建和完善是高校必须要做的重要工作，在构建和完善的过程中必须遵循实践性原则。

实践教学体系的实践性主要体现在实践课程建设、实践教学指导教师、实践教学过程、实训基地等多方面。

实践教学课程的开发、设计、实施以及评价都要体现实践性原则。实践教学课程的开发建立在行业发展现状以及企业用人需求的基础上，据此确定实践教学内容，明确应用型人才培养的具体目标。课程内容是学生实践能力培养的指导用书，本身就是指导学生实践活动，所以具有很强的实践性，其内容包括实验、社会实践、实训、实习、课程设计等等。虽然形式多样，但体现了实践性原则，重视学生实践能力以及专业技能的培养。实践教学指导教师的教学行为也要体现实践性，在掌握理论知识的基础上指导实践行为，给学生进行指导示范。高校学生进行实践学习的重要场所是高校的实训基地和企业的实训基地，校园实训基地是模拟的实训环境，所以在建设时要尽量贴近真实的行业工作环境，模拟企业的职工交往方式，营造专业的工作氛围，借此来培养学生的专业意识和职业素养，所以校园实训基地设施要满足学生的专业实践需求，需要具备一定的针对性、可操作性以及实践性。

（三）前瞻性原则

当今社会经济迅速发展，技术更新迭代周期短，社会对人才的需求和用人单位对应聘者的标准也在不断提高，因此实践教学体系应具有前瞻性。前瞻性是指以应用型人才的培养现状为起点追踪未来，明确高等院校培养人才的目标，对应用型人才的就业具有前瞻性和预测性，从而更好地设置实践教学内容，做好当下对高校学生的培养。

同时要考虑到高校培养人才与用人单位用人之间具有一定的时间跨度，这就要求高校要不断地更新实践教学体系，具有前瞻性地培养学生适应社会发展，对学生的整个职业生涯甚至整个人生负责。

所以高校必须增强对社会发展的深刻认识，加强与企业的合作，紧跟技术发展的迭代更新，不断地完善专业设置，根据现实情况完善课程内容，适时增设新内容，淘汰落后、过时的旧内容，聘请企业一线的专家为讲师，注重学生终身学习意识的培养。

三、实践教学体系的构建策略

如何建设科学合理的实践教学体系是本章研究的重点。汲取国内外研究的理念与经验，本章总结了实践教学体系建设的主要举措，包括明确实践教学目标、动态调整实践教学内容、灵活使用教学手段和方法、加强实践教师队伍建设、创新实践教学过程性管理和构建科学的评价体系等路径和方法，逐步优化实践教学体系。

（一）明确实践教学目标

实践教学的概念是针对长期的理论教学暴露出的缺陷而提出的。实践教学是学生掌握专业基础知识和参与社会分工进行职业劳动的衔接，着重培养学生的职业技术能力和职业道德水平。

实践教学培养目标是围绕着社会和企业对该专业实践岗位用人需求制定的，学校要根据自身的特征以及不同专业的特点，制定不同的实践教学目标，同时协调好学生的理论知识和实践技能的关系。专业理论知识来源于专业实践过程，同时也要反作用于专业实践过程，指导专业实践。专业实践又是习得专业素养的基础，是学生更好地适应用人单位需求的敲门砖。实践教学从各个方面注重培养学生的实践能力，以期培养更优秀更专业的应用型人才。各高校以及实践教学指导教师必须明确各专业的实践教学目标，坚持实践技能、专业理论知识和专业素质协调发展，需要认识到实践教学对于学生能力培养和个人发展的重要性，这样才能实现个性化、专业化的实践教学。实践教学的目标应包括基础能力、专业能力和创新能力等方面（图2-1）。

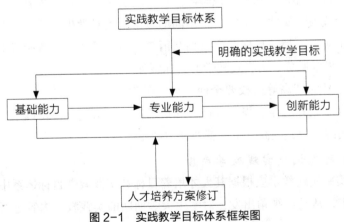

图2-1 实践教学目标体系框架图

　　基础能力培养主要是指通过实践教学培养学生掌握一些实践中基础的动手操作，使学生能够将课本中的理论知识与实践结合起来。基础能力的培养一般在大学一年级和二年级开始，可以通过课程实验、实训、课程设计等由易到难的方式，循序渐进地培养学生的实践意识和实践操作能力。

　　专业能力培养是学生在具备了一定基础能力之后，熟练掌握本专业的实践技能。通过课程实践，教会学生熟练掌握本专业的基础知识和专业技术能力，进一步加深学生对本专业理论的理解和应用。培养学生将专业理论与生产实际结合起来，独立解决生产中出现的问题的能力。专业能力的培养一般在大学二年级下学期和三年级开始，通过企业实习、专业实训等逐步提高学生专业实践能力和岗位适应能力，为他们将来能够从事某个专业的工作做好充分准备。

　　创新能力培养主要是指学生在生产活动中将自身所掌握的基础理论知识与实践知识相互融合，在解决生产实践问题过程中培养创新意识和创新能力。创新能力的培养要求学生参与到生产实际中去了解社会经济的发展趋势，不断提升自身的学习能力和创新意识。创新能力一般在大学三、四年级进行提升，可以通过生产实践、学科竞赛、社会调查等方式来培养。创新能力的培养不仅需要学生学会善于思考，多参与一些创新实践活动，同时更需要学校为学生创造更多的机会和更广阔的平台。

　　教学目标从时效性上看主要可以分为两个方面。

　　（1）总体目标。实践教学的总体目标是培养学生实践能力、职业技术水平和职业道德水平，以便学生更好地适应用人单位的用人要求和岗位需求。当这个目标具体到各个专业时应更加具体明确。

　　（2）阶段目标。实践教学只是高校培养应用型人才的一个组成部分。它又分为几个阶段，首先是基础知识学习阶段，其次是专业基础内容学习阶段，最后是实习阶段或是实践教学阶段。不同的教学阶段对学生有不同的要求，但无论是哪一个阶段，教学目标都应该相互衔接，最重要的是这些阶段的教学目标应该为实践教学服务，为实践教学的目标服务。

　　总之，新时期高等院校要全面贯彻党的教育方针，以科学发展观为指导，遵循国家高等教育法律法规，以社会和市场需求为依据，坚持以学生为本，培养学生的实践能力，提高学生的就业能力和发展潜力。

（二）动态调整实践教学内容

　　高校实施实践教学应根据其人才培养目标和实践教学目标体系中三大能力的培养要求，从整体视角出发，对学生大学期间的实践教学内容进行考虑和规划，从而更为科学、完善地优化实践教学内容体系。本章的实践教学内容体系由三大模块组成：基础能力训练模块、职业能力训练模块、创新能力训练模块（图2-2）。

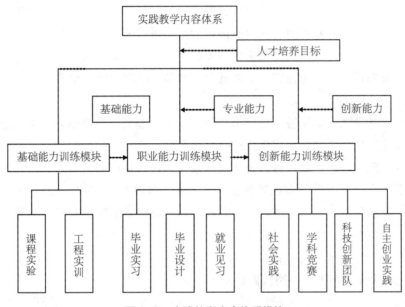

图2-2 实践教学内容体系模块

1. 基础能力训练模块

基础能力训练模块主要通过具体的课程实验和工程实训进行，该模块的目的是培养学生理论联系实际的意识和简单的实践操作能力。

（1）课程实验。课程实验是指某一门课程的实验教学，一般在学校各院系的实验室进行。课前教师可以带领学生参观认识实验室，对该课程专业领域的应用先进行直观认识。由于课程实验大多数都是验证性实验，因此指导老师还应该增加一些设计性实验，让学生根据要求进行实践操作。对实验步骤和要求，实践教师应该着重强调，严格要求，实验完毕后必须要求学生撰写实验报告。使学生在实验操作中掌握用科学的方法去发现问题和解决问题，把课本中的基础理论转化成实践经验。

（2）工程实训。工程实训主要指学生在学校工程训练中心或校外实践基地开展的实践活动。工程实训的目的是让学生掌握某一门专业课程所要求的技术能力，实训过程中学生可以通过计算机模拟仿真、专业课程实践操作等来训练。例如，土木工程专业学生可以在老师的带领下在学校的土木工程实训中心进行模拟仿真学习，或者前往工地进行实地现场学习。

2. 职业能力训练模块

职业能力训练模块主要是为了培养学生三大能力中最重要的专业能力。该模块可以通过毕业实习、毕业设计和就业见习等环节进行，主要依据学生的专业背景，不同的专业按照将来就业岗位的需求进行相应的专业技能训练。目的是使学生掌握某一具体工作要求的专业技术。对学生职业能力的训练不仅可以夯实专业知识基础，为他们今后的就业做准备，还能为将来培养创新能力打下基础。

（1）毕业实习。毕业实习环节主要是指大三和大四即将毕业的学生进入与自身专业领域相关的企业或学校进行实践实习。该环节的目的是让学生在具有一定专业理论背景之后，进入企业或学校实地进行生产实践活动。在实践活动中，学生在企业具有丰富经验的技术人员和学校高级职称的代课教师带领下，例如，生物化学专业学生进入发酵车间实习，每个发酵罐都有经验丰富的技术人员进行检查和监督，可以对实习学生进行一对一的指导。实习学生不仅可以训练自身专业技能，还可以从经验丰富的指导老师那里获得宝贵的生产经验，为自己将来正式走上工作岗位做好充足的准备。

（2）毕业设计。毕业设计主要让学生把在学校所掌握的各门课程的基础理论和专业实践技能综合地应用到实践中，开展严格、系统的专业技术及基本能力的训练，让学生对自己本专业领域的课题做较为深入的研究，这样可以提高和加深学生的专业基础，使学生可以熟练地运用自身掌握的基础理论体系，独立破解实践过程中出现的问题。例如，电力系统及自动化专业学生的毕业设计包括毕业设计图纸、电路设计、模拟仿真电路、数字电路分析研究等内容。

（3）就业见习。就业见习主要指各级政府的人力资源社会保障部门安排毕业离校后还没有就业的学生到政府指定的企事业单位进行岗位见习、积累相关经验，提升毕业生就业能力的一项帮扶措施。目的是为已经毕业离校但还没有找到工作的学生提供职业能力训练，让他们具备从事某一岗位工作的专业技能。

3. 创新能力训练模块

创新能力的训练可以通过社会实践、学科竞赛、科技创新团队、自主创业等环节进行。该模块主要是培养学生在具备职业能力的基础上，结合自身专业实际，在处理一些生产问题的过程中总结经验规律的能力。创新能力是学生所要掌握的能力里最高级的能力。创新能力的培养不仅要在校内进行，还必须要求学生进入社会进行实践训练。这样不仅可以让学生更深层次地了解社会，还可以在社会实践活动中锻炼吃苦耐劳的精神。

（1）社会实践。社会实践是指在学校寒、暑假期间或在学期间，安排部分学生到社会或校外实习基地参加实践活动。社会实践主要有社会调查、义工、支教等，学生可以选择和自身专业背景相关的实践岗位进行拓展训练，培养学生吃苦耐劳、实事求是的精神。社会实践不仅可让学生真正了解到真实的社会现状，增强学生的主人翁意识和使命感，也可以磨炼学生在社会生存的能力。

（2）学科竞赛。学科竞赛是训练学生智力能力的一种特殊考试方式。学科竞赛考查的内容一般都超出课本知识范围，要求学生的知识量很大，知识掌握的熟练度很高，而且思维判断快速、灵活。学科竞赛可以锻炼人的智力和意志，培养学生对该专业的兴趣和素养，有利于学生学会自主思考，锻炼独立解决问题的能力，为培养创新能力打下基础。

（3）科技创新团队。创新不是一个人的创新，需要团队的合作。因此高校应该集结校内知名专家教授成立科技创新团队，团队由相关专业领域的专家教授作为学术带头人，各个专业的教师和优秀的学生加入其中。团队在学科专家教授的带领下，充分利用学校的优质资源，为学生搭建科研平台，创造民主的学术环境和浓郁的合作氛围，激发学生的创新欲望。让学生在参与科研过程中不断提高自身专业理论素养和团队合作精神，最主要的是培养学生的创新思维和创新精神。

（4）自主创业实践。自主创业实践不仅可以解决学生未来的工作问题，同时也是锻炼学生开拓进取精神的一种有效方式。高校应当鼓励学生积极自主创业，在学生自主创业中给予一定的指导和扶持。高校应当加快健全学生创业的管理体制，为学生自主创业构建完善的创新创业指导体系，逐步加强创新创业指导教师的队伍建设，为学生搭建创新创业的平台。高校也可以联合政府部门为毕业生提供创业项目和扶持资金，使学生在实践过程中不断探索提高自身的创新能力。

实践教学是对理论教学的提升，是将理论运用到实际的重要手段。它着重于受教育者专业动手能力的培养和岗位技能的提高。实践教学的教学内容和生产技术是紧密联系的，因此随着技术水平的提高和新科技的发展，实践教学的内容也会日渐丰富、不断变化。

高校应以提升专业实践技能为主要突破点，动态调整实践教学内容，同时重视职业素质和创新能力的培养，建立校企联动的实践教学动态调整机制。

第一，以提高专业技能为目标的实践活动，主要通过高校安排学生到企业进行实习实训，着重培养学生的实际操作能力和专业技能。企业还可以发掘有潜力的学生培养成本企业的员工，给予学生一定的薪资。

第二，毕业论文设计是培养学生将应用能力知识和实践技能以及解决问题的能力相综合的能力。要求学生以在企业的实践作为毕业设计的选题来源，结合企业的实践生产活动，发现企业在实际生产中存在的问题，运用自身在学校学习的专业理论知识，发挥自身的创造能力解决问题，达到教学的目的。

第三，社会公关能力的实践活动，如社会调研、社会观察等等，提高学生的社会服务意识以及社会责任感，引导学生关注社会建设与城市发展。

对于不同年级的学生，根据其不同的认知特点设置不同的实践教学内容，丰富完善参观实习、顶岗实习、课外实践活动、毕业实习、毕业论文设计等内容。例如，对于刚刚入学的大一新生，大多采用参观实习的方式，使学生和企业进行零距离接触，学生通过现场参观和听讲解，对本专业产生初步的认识和了解，了解该专业对口的技术岗位，对该专业有一定的感性理解。对于中年级的大学生来说，主要采用讲授专业理论课程的课堂教学方式。但是，在讲授专业理论课程的同时也要加入实践教学的一些形式，例如，情景模拟让同学通过角色扮演，更加真实深刻地体会该专业的实践内容。专业理论课程授课的同时设置案例分析和实验练习，将理论和实践结合起来，一方面可以深化教学的理论知识，另一方面可以通过这些方式来巩固学生对专业理论知识的消化和吸收。对于高年级即将毕业的大学生来说，主要采用顶岗实习等方式进行实践教学，让学生更加真切地了解社会，更加深入地融入社会，为就业打下坚实的基础。

通过整合认知实习、课程实习、专业实习、生产实习、毕业实习和社会实践，使教学、生产实践和科研有机结合，理论与实践有机结合，构建"生产体验—知识反馈—技能训练—创新设计"的全方位、递进式的动态实践教学体系。

（三）灵活使用教学手段和方法

高校应该积极探索应用型人才的培养模式，理论教学与实践教学相结合，实施校内与校外互补的运行模式。教学手段和方法是指教师将专业知识和专业技能传授给学生的各种方式的总和。在传统教学课堂中主要是教师在课堂上口传授课，学生听知识、看文字学习，然而这样的授课方式已经不能满足现在高新技术企业对人才的需求。

实践教学就要弥补上述缺陷。实践教学本身目标的特殊性、教学内容的复杂性决定了实践教学手段和方法的灵活性，目前实践教学最常见的方法有案例分析法、调查访问法、科学实验法、项目法、任务驱动法等等。高校更应该结合行业、企业需求，将真实的工程任务引入课堂，让学生在真实的项目中进行实操，直接对接企业需求，更加真实地融入社会生活中。

实践过程中要增加学生对该专业的感性以及理性认识，创造能够发挥学生主观能动性的实践教学条件，使学生不仅能够提高职业技能，还能够了解本专业前沿的科学技术。设立学生科研创新创业基金，构建大学生创业基地，允许大学生休学创业，引导学生进行科学研究以及创新创业活动，完善校内的实验室以及实训设备，发掘学生的科研潜力以及创新创业兴趣，开展形式多样的科技大赛以及创业大赛，在各个方面为学生创新创业提供便利。

高校根据社会需求，灵活使用教学手段和方法，也可以将多种方法结合使用，真正地调动学生学习的积极性，培养学生的工匠精神、创业精神和实践应用能力。

（四）加强实践教师队伍建设

实践教学指导教师的能力是高校进行实践教学质量的保证。要使实践教学有序开展，就必须建立一支现代的、具有科学创新理念的实践教学指导教师团队。这些指导教师具有现代的教学理念、创业精神，不仅教学能力强，还熟悉实际业务流程，专业技术能力强。不仅如此，实践教学指导教师还应该具有高度的事业心和责任心，热爱教学事业，对学生严格要求，尊重学生，时刻关注着社会经济和科技的发展，在教学过程中大胆运用创新思维，了解本专业最新的学术动态以及研究成果。培养学生相关的职业技能，更注重培养学生的专业素质和职业道德，灌输正确的价值观，培养学生的创新精神。结合本专业特色和学生认知特点，创新实践教学方式，丰富实践教学内容，根据本专业本课堂的特殊性调整教学方案，善于营造良好的教学氛围，将自己的专业知识系统化，不断地将自己的知识系统更新升级，利用好各种现代教学媒体和科技，更有效率地将知识传授给学生。

因此，实践教学队伍的建设就显得极其重要。首先，鼓励实践教学队伍成员积极开展实践教学研究和探索，予以一定的资金和人力支持。在不断探索实践教学道路的同时，要不断提高队伍成员的科研能力。其次，重视实践教学队伍的培养，采取多种形式，如培训、进修、攻读学位等，不断提升其专业能力和教学水平。最后，制定合理的考评制度，并保证其落实，加强对实践教学队伍的考察和监督，建立一定的奖惩机制，优胜劣汰，给实践教学队伍的进步增添动力。

（五）创新实践教学过程管理

实践教学质量的保障需要实践教学过程中各个细节严格、高效的实施，高校实践教学管理部门应加强对实践教学的准备、实施以及反馈等过程的管理。

1.计划先行，确保实践教学按时实施

实践教学牵扯到很多因素，涉及诸多方面，如国家方针政策、学校的相关制度文件、企业的用人标准、学生自身的发展需求等等。各高校为了达到培养应用型人才的教学目标，必须协调好各方面因素，保障实践教学的有序进行，按照教学计划来规划实践教学的教学时间、教学场地以及涉及的学生。在严格执行培养方案的前提下，修订实验教学大纲、实习大纲，并根据大纲要求，拟定实验教学计划、实习实施计划，职能部门、教学单位、实习单位协商审定实施计划。

2.合理设计，落实各实践教学环节

高校应该根据各专业特征和实践教学培养目标确定实践教学的方向，确定实践教学的各项环节。设置专业实践课程来提高学生的实践水平和专业技术水平，设置专业素质教育实践课程来培养学生的专业素养，提高学生的职业道德水平。具体通过科学实验、创业活动等来提高学生的创新创造能力，通过参观企业生产基地和亲身参与企业生产实践提高学生对该专业的认识，设置实训、实习、毕业设计等活动提高学生的实践能力，通过科技竞赛、专利申请、拓展活动等形式培养学生的专业意识和匠人精神。高校还要根据本校的人才培养目标和各专业特点，科学合理地分配教学资源，利用好社会资源、企业资源和学校资源，不断发展完善实践教学体系，培养学生的实践能力、职业技术水平和基本职业道德。

首先，要协调好教学课堂和实践实训课堂的关系，把专业基础知识的内容运用到专业实践中，在实践实训基地培养学生的认识和技能，适度提高实验课程和学生动手实践的比例。在此基础上，还要引导、支持、鼓励学生参加各项专业技能大赛、创新创业大赛等，培养学生的协同合作能力、沟通水平、组织协调能力、人际交往能力等等。

其次，要协调好企业实践平台与学校实训平台的互补关系。在企业参加技能实践是大学生提高自身专业技能的重要渠道，是增强大学生社会认知的重要方式。各高校应积极促进企业实践平台和校内实训基地的相互融合，开展多种形式的实践活动，加强企业的影响力，提高校内实训基地的利用率。

与此同时，探索建立高校创业园区、创业示范区、创业中心、创业孵化

器、众创空间等平台，激发大学生的创业热情，为大学生创新创业提供多元化的实践锻炼平台。

3. 严格管理，保证实践教学质量

高校在进行实践教学制度构建的同时，要结合地区和本校的特点采用不同的管理方式。学校从宏观方面规划实践教学的计划目标，保障实践教学硬件设施建设有序进行，如实验室、实训基地以及实训基地设备。建立完善的社会实践教学保障体系，对实践教学进行监控、检查、指导与协调。各二级院系要设立专门的教学组织，对实践教学的各个环节进行组织和管理，根据不同专业的特征设置实践教学的教学内容，保障实践教学具体实施。实习前要做好充分的动员工作，做好详细的计划；实习期间要落实好计划，并且要做到定期检查；实习结束之后要有相应的考核制度，做好实习总结。对实践教学毕业设计和毕业论文等总结性文件要同样重视。

建立完善的实践教学基本文件管理制度，实践教学环节要做到有计划可依，有教学大纲引导，有教材做指导，有考核标准做依照。重视过程管理，严格执行相关制度，依照相关标准，并做到在实践中不断发现问题、不断地改进。

4. 注重实效，对实践教学进行总结验收

每个环节之后的总结验收是整个实践教学质量的保证。各个部门要从不同的侧面进行总结和反思，考核各个环节的运行情况，随时监测实践教学是否达到了目标要求。对实践教学的成果进行验收，例如开展优秀实习报告展、实验作品展、专业技能大赛、科技创新大赛以及优秀毕业设计评选等活动，一方面可以更有效地验收学生实践教学的成果，另一方面还可以为学生提供锻炼和展示自我的平台，提高学生参与实践教学的兴趣，巩固实践教学成果。

（六）强化实践教学保障体系建设

1. 加快基础设施及基地建设

基础设施建设是高校进行应用型人才培养的重要条件。首先，要加强校内实验室以及实训室设备的建设，不断地根据现代科技运用不同的方式更新实验室设备，增加资金投入，完善实验室以及实训室的管理体制，提高实验室和实训室的使用效率。其次，加强实训基地的建设，实现规模化、共享化，重视学生科研基地建设，各高校要相互联合，秉着互惠互利原则，提高实训基地、科研基地以及实验室的利用率，加强各高校之间的专业交流。

学校和企业之间的合作是高校培养应用型人才的必要条件。高校应该为用人企业和学生之间搭建桥梁，一方面为学生创造更好的实践教学环境，保障学生的利益和人身安全，另一方面为企业输送新鲜血液，输送优秀的应用型人才。合作内容主要包括以下几点：第一，各高校应抓住国家重视培养应用型人才的良机，利用好国家相关的优惠政策，积极探索应用型人才的培养模式；第二，加强企业与应用型高校的深度交流，邀请高技术人员和企业高管到高校分享其心得体会，为学生解答职场疑惑；第三，高校应该与企业签订合作协议，并对每年的合作进行评估，适时调整合作方式方法，不断发展与企业之间的互利关系，实现共赢；第四，要保证高校对实践教学的资金投入和人才投入，不断完善实践教学体系制度，保证高校实验室及实训基地的开放性，满足学生对实践教学的需求，提升实践教学的效率。

2. 保证实验室、实训基地的开放性

高校的实验室、实践教学基地是真实的或仿真的技能操作环境，实验室、实训基地的应用性、实践性、功能性和特殊性决定了其应该具备开放性。

开放性主要表现在两个方面。一方面是校内实验室、实训基地对学生的开放。由于各个专业技能的复杂性、用人标准的多样性，校内实验室和实训基地必须对学生开放，以满足不同认知水平和不同技能水平的学生自身需求和发展，让学生根据自身需求，或是实践教学指导教师根据各个年级学生的不同需求，灵活分配，灵活运用。另一方面是企业车间对学校的开放。由于某些专业的特殊性以及高校自身条件的限制，建立涵盖学校全部专业且配备完善的实训基地是不可能的，学校可以和企业联合，或是建立校外实训基地，或是直接利用企业的操作基地，从而提高学生职业技能，完善学校实践教学能力，提高企业效益，实现三方共赢。

（七）完善实践教学评价体系

高校要建立科学合理的实践教学评价体系。通过评价监督实践过程、反馈实践结果，使学校、教师及学生重视实践教学，督促老师积极地进行实践探索，提高学生的学习兴趣。科学合理的评价体系需要健全的评价制度和多样化的评价形式，并将过程性评价与终结性评价相结合。

1. 健全实践教学评价制度

实践教学包含的内容较多，需要根据内容的不同，完善实践教学评价制度的建设。而评价的具体内容不仅要包含任务的完成情况，更要突出学生的学习态度、创新能力和素养等方面的柔性评价，注重学生能力的提高。对教师不仅要进行教学能力的评价，还要有教学方法、操作技能等方面的综合考量，也可以将教师的实践能力与职称评定、科研考核等挂钩，从而提升教师的实践热情。

高校建立的考核制度应包含考核纪律、态度、安全、质量、方法、评价标准等等，如实验室管理办法、实习管理办法等，明确提出奖惩标准，使实践活动有章可循。

2. 采用多样化的评价形式

采取丰富的评价形式、多元化的评价主体，旨在加强对学生操作能力、创新能力的考评，得出公正的评价结果。

从考核方式上看，课程类考试可采取闭卷考试、开卷考试、口试答辩、动手操作、作业或课程论文等方式，集中性实践环节可采取现场汇报、团队合作、调查报告、案例剖析、情景模拟、论文等方式，课程设计与毕业设计（论文）的成果可采取答辩的形式。不拘泥于传统的方法，积极探讨实践考核的新方法，让实践教学的评价与职业技能鉴定接轨，将职业类竞赛获奖情况、职业技能资格证书等纳入对学生实践能力的评价。在信息化的今天，要充分利用好网络资源，使用手机评教系统进行即时性的评价，例如学生对教师实践教学情况的评价，教师能够及时收到反馈信息，进行教学方式的调整。在选择多种考核方式时，要注重定性与定量相结合。

利用多元化的评价主体，提升评价的有效性。对学生的评价不仅仅是老师，还可以加入企业评价、自主评价等，对教师的评价不仅仅依靠实践管理机构，还可以加入督导评价、学生评价、同行评价等。

3. 将过程性考核与终结性考核相结合

采用过程性与终结性相结合的考核方式，从重视结果向既重视过程又重视结果转变。过程性考核关注是否制定了详细的计划及计划的完成情况，需要校内外加强实践教学的管理和指导，教师根据情况给出成绩。过程性评价能避免学生不重视实践过程，起到逐步提升能力的作用。终结性考核主要是看学生的项目是否完成、竞赛是否获奖等等。通过终结性评价可以得出学生能力提升的总体情况。

第三章 生物化学专业的实践教学发展

实践教学作为创新人才培养的有利教学方式，在培养学生创新思维、实践能力方面起着不可取代的作用，而在高素质、高技能、高创新人才作为当今社会需求的主流社会环境中，一个公认的事实就是大学生的实践能力不强，培养大学生实践能力的实践教学显然未能充分发挥出其应有的人才培养功能。生物化学是众多综合性大学应用型人才培养计划中最为基础的专业之一，为了加强学生的专业素质和实践能力培养，尽快满足社会上对生物化学专业人才的需求，诸多高等院校都在积极探究有效的教学模式，以满足社会对创新人才的需求。

本章旨在研究生物化学专业实践教学的现状与问题，结合当前人才培养的社会需求，努力探索当前生物化学专业实践教学中出现问题的解决方案，从客观的角度为高等院校生物化学专业人才培养提供教学与管理建议，主要从理论概述、整体模式、模式探索三个方面对生物化学专业的实践教学方法进行系统分析和理论研究。

第一节 生物化学专业实践教学概述

一、生物化学专业实践教学的内涵与意义

（一）生物化学专业的本质

生物化学是指用化学的方法和理论研究生命的化学分支学科，是研究生命物质的化学组成、结构及生命活动过程中各种化学变化的基础生命科学。从早期对生物总体组成的研究，发展到现在对各种组织和细胞成分的精确分析，生物化学专业的研究内容正在随着科学理论与工业技术的发展不断深入。

生物化学这一名词的出现大约在 19 世纪末 20 世纪初，但它的起源可追溯得更远，其早期历史是生理学和化学早期历史的一部分。18 世纪 80 年代，拉瓦锡证明呼吸与燃烧一样是氧化作用，几乎同时，科学家又发现光合作用本质

上是植物呼吸的逆过程。1828年，沃勒首次在实验室中合成了一种有机物——尿素，打破了有机物只能靠生物产生的观点，给"生机论"以重大打击。1897年，毕希纳兄弟发现酵母的无细胞抽提液可进行发酵，证明没有活细胞也可进行这样复杂的生命活动，终于推翻了"生机论"，生物化学也逐渐发展成为独立的学科，连接生物与化学两大领域。从生物化学的诞生和发展过程来看，生物化学专业与生产实践存在着天然的联系。现代生物化学专业的教学也不能隔断这种联系，而应该通过加深两者的联系，让高校的科研成果与技术创新真正成为造福人类的社会生产力。

（二）高校生物化学专业的培养目标

生物化学专业是结合理学与工学，培养应用型生物人才的专业。本专业学生不仅要学习该专业的基本理论知识，还要训练基础研究与技术开发等方面的科学思维以及科学实验能力。培养目标：学生要形成崇高的人生理想和高尚的职业道德，富有创新的意识以及敬业精神；学生要习得扎实的本专业理论基础，具有较强的实践能力、全面的综合素质、可持续发展的潜力；学生获得这些知识与能力后，要能够从事科研机构、企事业技术行政管理部门的应用研究、技术开发以及管理工作。

（三）生物化学专业实践教学概念的界定

理论教学是以教师讲授、学生听课和研读教材为主，以基本概念和基本原理为中介，获得理性知识和发展智力。实践教学是学生在教师指导下以实际操作为主，获得感性知识和基本技能，提高综合素质的一系列教学活动的组合。理论教学侧重基本理论、原理、规律等理论知识的传授，具有抽象特性，易于培养学生的抽象能力；实践教学侧重于对理论知识的验证、补充和拓展，具有较强的直观性和操作性，旨在培养学生的实践操作能力、组织管理能力和创新能力。高校生物化学专业实践教学的主要目的是培养本专业学生的实践能力，使学生初步掌握专业化知识和学科前沿研究成果，以及促进工业化进展的主要途径。

（四）生物化学专业开展实践教学的重要意义

（1）理论方面。生物化学专业开设的重要目标是培养应用型人才，而培养应用型人才的重要途径是实践教学，所以如何建立完善的实践教学体系，就成为目前高校创新教学方法、改善教学效果所面临的最重要的问题。开展生物化学专业的实践教学，一方面能够深化高校内教育工作者对实践教学的认识，积累相关经验，另一方面能够进一步完善高校实践教学体系，丰富实践教学的理论成果。

（2）实践方面。实践教学是高等学校教学的一个重要部分，但由于考核评价方式、基础设施建设、资金支持等方面的原因，长期被冷落。生物化学专业作为独立的应用型专业，在我国高校发展时间较短，大多数院校沿用学术型大学的教学体系进行教学，直接影响了培养目标的达成和人才培养质量的提高。对生物化学专业进行实践教学的探索，能够吸引更多高校，甚至中职院校的积极参与，同时有利于构建高校与社会企业间的联系与合作。通过对目前生物化学专业实践教学系统进行分析和优化，寻找生物化学专业实践教学改革的切入点，推动生物化学专业的良性发展。另外，实践教学以创新人才培养为目的，对生物化学专业实践教学体系进行改革，探索新型的生物技术人才培养模式，可以为教育行政部门对高等教育的发展提供更多决策依据。

二、生物化学专业实践教学的政策支持

21世纪是生物学的世纪，而生物化学作为连接生物学与化学、医学、科学研究、工业生产等诸多领域的重要基础学科，不仅渗透到新旧工业体系之中，而且极大地影响了人们的日常生活。相关技术产业在啤酒酿制、药物开发、污染治理、视频工程等工农业领域改变着人们的生产实践活动。在国际竞争日趋激烈的形势下，国民对生物化学知识的掌握程度已经成为国际人才竞争的焦点，而以生物化学为核心的相关技术所引领的各类社会产业也已经在社会的发展中充当着越来越重要的角色。国家对高校开展实践教学极为重视，并相继出台一系列政策进行支持。

在改革开放和现代化建设初期，邓小平同志强调，科学技术是实现社会主义现代化的关键。为了使科学技术得到实质发展，使实践教学得到长足进步，1985年《中共中央关于教育体制改革的决定》中指出，在当今的教育教学中存在"实践环节不被重视"，专业设置中存在"脱离经济与社会发展需要、滞后于当代科学文化的发展"的问题。

1993年《中国教育改革和发展纲要》中提出要把实践教学与实践基地相结合培养社会人才："高等教育要改变专业设置中存在偏窄的情况……要在教育教学中加强实践环节的教学和训练，并力求与社会实际工作部门进行合作培养，并促进教学、科研以及生产三者的结合与发展。"

2001年教育部印发的《关于加强高等学校本科教学工作提高教学质量的若干意见》指出："高等学校要重视本科教学的实验环节，保证实验课的开出率达到本科教学合格评估标准，并在开出一批新的综合性、设计性实验……要根据

科技进步的要求，注重更新实验教学内容，提倡实验教学与科研课题相结合，创造条件使学生较早地参与科学研究和创新活动。学校的各类实验室、图书馆要对本科生开放，打破'学科壁垒'，加强统筹建设和科学管理，实现资源共享，提高利用率。要建立和完善校内外实习基地，高度重视毕业实习，提高毕业设计、毕业论文的质量。"高等学校教学质量评价已逐渐对实践教学增加了分量，实践教学内容也在社会发展需求的驱动下得到丰富。

2004年教育部《2003—2007年教育振兴行动计划》中强调：在开展教育教学时，要"把教育教学与生产实践、社会服务、技术推广结合进来"，把学生从学校教育引入到社会实践中，让学生在社会实践中得到就业能力的培养；高等学校要"建设一批示范教学基地基础课程实验教学示范中心，强化生产实习、毕业设计等实践教学环节"。在全国人才培养模式从精英教育转变为大众化教育之后，实践教学为提高学生就业的方向性与针对性搭建了一个技术培养的平台。

2005年的教高〔2005〕1号文件中强调：高等教育中"要大幅度增加实践教学专项经费"：要"制定合理的实践教学方案"，以适应具体学科对实践教学的不同要求，从而完善实践教学体系；"要切实加强实验、实习、社会实践、毕业设计（论文）等实践教学环节，保障各环节的时间和效果"；在实践教学教师人员管理方面，学校要实施相关政策，吸引高水平教师从事实践环节教学工作。

2007年教高〔2007〕1号文件中进一步强调实践教学的重要性，指出在当今教育教学的基础上对实验、实践教学进行大力改革，并在全国范围内重点建设500个左右实验教学示范中心，改革与创新高校实验教学中的教学内容、手段、方法，教师队伍、教学管理及实验教学的模式，并以基于企业的大学生实践基地建设作为试点。这一举措成为高等学校对实践教学环节中教学内容、教学管理体系等方面进行人才培养模式改革的保障，进一步促进实践教学理念、机制和体系的创新。

2007年教高〔2007〕2号文件中指出：理工农医类专业的各实践教学环节累计学分一般不应少于总学分（学时）的25%。这一政策使实践教学的教学时间得到制度保障。

2010年《国家中长期教育改革和发展规划纲要（2010—2020年）》中强调：高等教育要丰富学生的社会实践，强化实践教学环节，支持学生参与科学研究，要加强对实验室、校内外实习基地、课程教材等的基本建设，积极创立高等学校与科研院所、行业、企业三者联合培养人才的新机制。

《中华人民共和国高等教育法》也规定了高等教育的任务是培养具有创新精神和实践能力的高级专门人才，发展科学技术文化，促进社会主义现代化建设。作为培养社会高级人才的高等院校，要不断地提高其教学教育水平以提高应用专业人才的质量。

从以上国家政策对实践教学的教学内容、手段、方法以及教师人员结构等的逐步重视可以看出，实践教学在当今科技高速发展的社会中对人才培养的重要性，以及实践教学在高素质人才的教育培养中充当的角色也逐渐受到社会的肯定与重视。现代高校以培养应用型人才为目标，承担着为社会培养有高素质、扎实理论功底、熟练专业技能和较强创新能力的优秀人才的任务。生物化学专业是培养具备生命科学基本理论和系统的生物技术基本理论、基本知识、基本技能，能在相关企事业单位从事生物技术的应用研究、技术开发、生产管理等工作的高级专门人才。实践教学是实践能力培养的重要途径，高等学校要实现其人才培养目标，就必须在抓好理论教学的同时，抓好实践教学。高校生物化学专业需要实践教学作为支撑。

三、生物化学专业实践教学的理论基础

实践教学作为一个与理论教学同等地位的教学模式，具有深厚的理论基础。

（一）哲学基础

马克思主义哲学的基本观点是实践观。马克思把实践看成是"人的感性活动"或"对象性的活动"。马克思主义实践观的特点有三个方面：一是实践是人类的根本存在方式；二是实践是人类社会的前提、本质和动力；三是人是实践的主体。马克思实践观为实践教学提供了哲学基础。

（1）实践教学是一种重要的教学方式。教师是一种职业，教学也是一门技术，实践教学能够使本专业学生掌握熟练的专业技能、实验技巧，为学生顺利走上工作岗位打下坚实的基础。

（2）实践教学能有效地促进人的全面发展。马克思主义实践观认为，人在实践的过程中完成了自身的发展，人的劳动实践使生产者也改变着，锻炼出新的品质，通过生产而发展和改造着自身，造成新的力量和新的观念，造成新的交往方式、新的需要和新的语言。可见，在实践教学过程中，人们不仅可以验证知识，重演知识产生的过程，还可以生成、建构新的知识，更重要的是，在

这一过程中会伴随着世界观的形成或改造、社会生活基本素养的生成，最终实现个人能力、个性发展和个人价值的充分统一。这也正是马克思主义哲学关于人的全面发展的基本内涵。因此，在实践教学活动中，学生自身以内在体验的方式参与教学过程，不断地获得知识、技能及道德行为等多方面的提升，不断地习得和积累社会生活经验，逐步养成参与社会生活的基本素质，在教育的根本目的得以实现的同时，也满足了包括人的社会生存、社会适应、社会发展在内的全面发展的需要。

（3）实践教学能有效地发挥学生的主体性。人是实践的主体，实践教学体现了学生是教学的主体和自我发展的主体。在实践教学的活动中，学生用所学知识和理论在实践教学环节中发现问题、分析问题、尝试解决问题，使处理问题的能力明显提高。

（二）知识论基础

知识观是教学思想、教学理论的前提，知识理论的发展为教学实践提供了认识论基础，促使人们重新评价实践教学的价值。过去，人们往往认为，实践教学是与课堂教学相对的，认为实践教学是依附于课堂教学的，是课堂教学的延伸和补充。这种价值定位在很大程度上影响了实践教学的进行，没有充分意识到实践教学的目的和意义，实际上，若没有实践，学生就难以真正掌握理论知识，理解其真谛。重视实践教学，不仅是为了使本专业学生会利用课堂所讲授的知识，而且通过实践环节使本专业学生获得课堂上不能讲授的知识，从而全面掌握专业相关知识，使知识真正深入人心，使学生能创造性地解决实际问题。

（三）价值论基础

创新精神和实践能力的培养离不开实践教学。发展学生的实践能力是人才观的一个转变，有助于实践型、创造型人才的培养。著名心理学家斯滕伯格认为，实践智力是一种将思想及其分析结果以行之有效的方法来加以实施的能力，他明确指出，实践智力的获得很少需要别人的帮助，主要来自经验，并没有包括在"知识教学"当中，实践能力只能在实践中形成。傅维利教授认为，教育同社会实践相结合符合青少年健康成长的基本规律，利于学生体验式地掌握社会各种价值观念和道德规范，并能现实地推进学生的动手操作能力、社会交往能力、解决实际问题的能力以及创造能力的发展。实践教学中，通过模拟训练、见习、实习、毕业设计（论文）、社会调查等具体的实践环节，可以有效地培养本专业学生的职业能力和社会交往能力，增强本专业学生的社会责任感和使命感，提高学生的学习能力、实践能力和创新能力。

四、生物化学专业实践教学的主要特征

（一）基础性与创新性

实践教学区别于理论教学的一个很大的特点就是，学生通过实践教学的学习能够直接获得感性的认知。这一认知活动可以是对理论知识的简单重复，学生经过这样的实践教学能够进一步加强基础知识与基础技能的掌握，能提高自身的专业素养。实践教学是以教学的方式让学生体验生产实践，使得知识从抽象的理论回归到现实的生活实际中去。

实践是发现真知的过程，创新也源于实践。实践过程在提高学生的创新意识、拓宽学生的创新思维、发掘学生的创新技能方面起着不可替代的作用。

（二）教学类型的多样性与教学方式的灵活性

按照不同的划分标准，实践教学可以分为多种类型与模式，如可以分为课外实践与课内实践，群体性实践与个体性实践，认知性实践、体验性实践与综合性实践等类型。实践教学还可根据知识的深浅程度、专业特点以及能力训练方式等进行更精准的划分。如此一来，实践教学的类型增多，对学生能力培养的针对性则更强。

具体来说，实践教学的方式包括传统讲授式、谈话式、心理咨询式、实践探究式等。在开展实践教学的过程中，依据不同的教学目标与专业特点，结合相应的教学情境，各种教学方式都可以成为实践教学中培养学生的手段。

（三）教学资源的开放性与评价的综合性

实践教学由于教学场所有课内与课外之分，知识多为操作性知识，教师在开展实践教学的过程中，不仅要激发学生对显性知识的掌握，激励学生对隐性知识的挖掘也是实践教学中的一大任务。学校作为教学资源的拥有者与管理者，要开放学校的公共学习场所，包括图书馆、实验室等，确保学生在参与实践教学过程中能充分地利用学习资源。此外学校对进行实践教学的学生还要安排相应的指导教师进行跟踪指导，确保学生在实践的过程中能够有正确的思想与技能。而教师在指导学生参与实践教学的活动中，还可以对学生的实践过程进行客观的评价。

实践教学有异于理论教学，在评价学生获得知识与能力时，采用多元化的评价手段才能真实地反映学生的学习情况。这表现在实践教学要综合运用过程性评价、阶段性评价与终结性评价对学生的表现实施评价。对于有些专业或知

识，还应采用定性与定量相结合的因素评分法进行评价。定性评价则可以使用写实的形式把评价内容分为基本要素与额外部分来制定评分的标准。综合地实施实践教学的评价还表现在对学生进行评价时，要综合利用生生之间的评价、师生之间的评价，把评价人性化，充分行使学生与教师的评价权利。

第二节　生物化学专业实践教学的整体模式

本节从实践教学内容的整合、实践教学的管理、实践基地建设与管理等方面，总结生物化学专业实践教学的整体模式。生物化学专业实践教学的整体模式主要包括三个体系：课程体系、师资体系与保障体系。构建生物化学专业实践教学体系应遵循以下原则：系统性原则、独特性原则、针对性原则、导向性原则、实践性原则。

一、生物化学专业实践教学整体模式的构建

生物化学实践教学整体模式包括课程体系、师资体系与保障体系三个体系，下面从教学目标、教学内容和教学条件三个方面对这个三个体系分别进行阐述。

（一）生物化学实践教学的实践课程体系

生物化学实践教学体系定义是学校根据国家相关教育方针政策，各级各类学校根据生物化学专业特点与培养目标，在特定的教学情境下，把学生生物化学专业的知识、情感态度与能力的培养融合到具体的生物化学实践环节的课程体系、师资体系与保障体系的统一整体。

生物化学专业的实践课程体系可以分为基础实验课、专业实验课、社会实践调查、专业见习、专业实习以及毕业论文（毕业设计）等。

在现行的高校教学中，生物化学专业实践教学的学时过少而理论教学学时过多这一现象很常见。高校应通过构建模块式课程结构和弹性学制来改善这一状况。我们知道，根据生物化学专业的培养目标，学生经过学习后要能够对生物技术的基础理论知识进行加工，能够熟悉本专业实验的操作，能够综合运用本专业的基础理论与技能解决现实生活中遇到的实际问题。因此，在对生物化学专业的实践教学体系进行构建的时候，对实践教学相关课程的学分进行统一规划具有重要的意义。

（二）生物化学实践教学的师资体系

教师是教学活动能够顺利开展的人员保障。在实践教学活动中，教师是教学的参与者，也是实践教学的指导者。教师的教学水平、科研素质等基本素质是实践教学能够按质按量完成的先提条件。在高校教学中，教师往往只注重科研，而对教学投入的精力相对较少，对实践教学中学生的指导就更少了。实践教学体系的师资体系要把提高教师队伍的水平作为一项重要工作。

生物化学专业实践教学可以通过引进本院高职称、高水平教师或校外相关企事业专门技术人才的方式，增加实践教学师资的深度。此外，对于本院的教师可以增加他们的校外学习与实践的时间来提高他们的实践教学资历，而对于参与实践教学辅导与教学的教师，学校与学院应当有相应的资金来支持，以保持实践教学得以维持，并激发教师参与的兴趣。总之，参与生物化学专业实践教学体系的教师，可以是本院的专任教师，也可以是校外单位的其他技术人员；学院对于开展实践教学的教师与学生应该有相应的评价措施，以便于对学生的学业、教师的工作进行评价与奖励。

（三）生物化学实践教学的保障体系

生物化学专业实践教学体系要得以顺利、有序开展，就必须要有相应的保障体系来保证。具体来说可以包括实习基地的建设与管理、教学与学习的评价系统、教学管理系统与实验室管理系统四部分保障体系。

（1）实习基地的建设与管理。实践基地一般是指校内外的实践基地，其作用在于为生物技术专业的学生开展专业实习、专业实习等实践教学活动提供实际生产与科学研究的教学平台。实践基地是学生通往社会的过渡平台，是学生接触社会实践的教学平台。

根据专业特色，实习基地可能会有离学校较远的情况。实习基地首先要保证学生的食宿及人身安全，学校与实习基地应当以"互惠互利、共同进步"的原则来开展实践教学。对于参与实践与实习的学生，实习基地不仅要能够以单位人员的身份实施管理，对于实习生，实习基地单位还应该尽量让其参与到相应的生产实践中，最好的方式就是让学生参与课题，让学生在参与科研开展的过程中体验科研，投身生产实践，检验所学的知识与技能。

由于实习基地是进行社会生产与科研的单位，在学生参与实习的同时，学校教师也可以以此为契机，加强自身实践能力与实践教学能力的培养，从而达到师生共同进步的实效。

（2）教学与学习的评价系统。实践教学评价系统是否完善直接关系到实践教学的效果。建立科学、客观、全面、有效的实践教学与学习评价系统，能够激发学生参与实践教学的兴趣，同时，对教师参与实践教学的热情也会有很大的帮助。生物化学专业实践教学系统中包括实验、见习、实习等环节，在对这些环节实施评价的时候，要能客观、全面地对学生与教师进行评价，对实践教学的过程与结果要有明确的要求。对于学生实习环节，在实施评价时，可以充分考虑学生之间的评价、指导教师的评价以及学生撰写的调查报告。而对于参与实习的本校教师，则除了进行常规的评价之外，还可以考虑学生的评价、学生能力提高的情况以及教师自身能力提高的情况等客观因素。

（3）教学管理系统与实验室管理系统。实践教学开展的课程多少与时间、实验教学的形式、教学内容地选择与安排、实验室的开放管理等都要有相关的管理措施来规范。例如，对实验课要通过《实验室管理制度》《实验室开放管理条例》等进行管理，而对于实践教学其他各个环节则可以由相关的管理系统实施监督与规范。

二、生物化学专业实践教学的实施原则

（一）系统性原则

系统的定义为若干个相互依存并且相互制约的要素有机地组成有特定功能的有机整体。实践教学包括实验课、专业实习等课程，运用系统科学的方法，把实践教学当作整个教学系统中的子系统进行研究，同时要把实践教学之中包括的实验课、生产实习、社会调查、专业实习等看作是一个教学系统。在这一系统之中，各门课程是独立的也是彼此联系的，它们在培养学生的知识、素质和能力结构时是各有重点的，却也是具有延续性的。此外，实践教学的各个教学环节是彼此紧密相连的，是一个整体，是一个系统，而不是几个内容的简单相加。

（二）独特性原则

除了具有实践性这一突出的特点之外，不同专业的实践教学体系还有本专业所特有的个性，这些独特性是由本专业人才培养目标所决定的。不同的专业知识，不一样的社会需求，使得各专业的实践教学体系有别于其他的专业。此外在构建实践教学体系还要充分考虑学生个性化发展的需要，每个学生的思想意识与知识水平存在着不同的层次与个性特点，教师在实施实践教学时，要兼顾每一个学生的发展需要，从而促进学生富有个性化的综合性发展。另外，实践教学的独特性还表现在学生创新能力培养的个性化。

（三）针对性原则

针对性原则，或者说是专一性原则，指的是生物化学专业的实践教学体系对要培养什么样的人才、如何培养这类人才，以及如何对本专业实践教学进行管理等问题要有明确的答案和相应的解决方案。而从属于该专业实践教学体系的各个实践教学环节也要有明确的培养目标。学生通过有针对性的各个实践教学环节逐渐实现各级能力要求。

（四）导向性原则

大多数中等技术学校的实践教学都有非常明确的导向性。学生参与实践教学不仅是体验本专业技术的感性认识，更重要的是习得今后工作的实践经验。学生以积累工作实战经验为导向参与到实践教学之中，往往会有较高的主动性与积极性。这一导向性还会对教学质量的提高、培养目标的实现有极大的促进作用。

（五）实践性原则

生物化学专业实践教学体系的核心即为实践。实践是知识的获取途径，也是思维与能力的培养途径。在开展生物化学专业实践教学（包括实验教学、社会调查与实习等）的过程中要突出实践的实用性与创新性。在很多大学生眼中，实践教学是他们最喜欢的上课形式，而记忆最深刻的教学内容也是在参与实践教学时获得的。这是因为学生在实践的过程中获得了身份的认同。因此，构建生物化学专业实践教学体系要把"实践"这一过程突出来，不仅能够丰富教学的形式，对学生学习兴趣的培养也是有很大帮助的。

三、生物化学专业实践教学实施中普遍存在的问题

对生物化学专业实践教学体系的调查发现，生物化学专业实践教学体系存在以下问题：认识存在误区，学生创新意识不高；定位不明确，特色不突出；对课程内涵建设的重视不够；生物化学专业实践教学的师资队伍建设有待进一步加强；实习基地建设与管理重视不够，实习单位与就业单位对口性不高。

（一）认识存在误区，学生创新意识不高

学生对实践教学比较重视，但是都普遍把实践教学当作提高专业理论知识与技能的途径，而没有真正树立在掌握实践动手能力的基础上，提高自身的创新思维与挖掘创新能力的意识。在实践教学的实验教学中，有相当一部分学科的实验增加了设计性实验与综合实验，如在《生物化学实验》中增加了设计性实验，在《微生物实验》中对实验的内容与实验的过程进行错误设计，让学生

在实验中发现问题、解决问题。但在实际情况中，学生只是一味地追求实验结果的准确性，对于设计实验也往往较难有创新，教师在实施实践教学时也存在着"重学术、轻技能"的传统观念。

（二）定位不明确，特色不突出

我国实践教学中还普遍存在"重理论、轻实践"的教学观念，教师在实践教学中存在不重视学习方法的传授、忽视对学生思维启发的教学方法等问题。实践教学中，教师对各门课程要培养学生的具体基本技能没有定位明确，学生对各门课程对自身的能力培养理解较少，因而实践教学也就成为"有课程的活动教学"了。此外，实践教学体系中较难有区别于其他科目的特色，在实践教学的实验、社会调查、见习、实习（野外实习与专业实习）与毕业论文（设计）等环节中，专业特色比较明显，而专业实践教学的特色不突出。

（三）对实践课程内涵建设的重视不够

生物化学专业实践的支撑技术是生物技术，因生物技术的发展速度日新月异，生物化学专业实践教学的教学内容也应与社会实际紧密联系，否则影响实践教学质量的提高。具体表现在：①生物化学专业实践教学的教学内容难以跟上生物技术更新的脚步，知识与实验技术更新慢，实验设备陈旧，影响学生适应社会对本专业实践性人才的适时性要求；②实践教学过程管理缺乏整体性，实践教学对教学资源的开放性有限；③实践教学课程的评价缺乏一套实用、客观、全面、能反映实践教学实践性与创新性的科学合理的评价指标；④实践教学的教学方法单一，教学手段与教学形式缺乏课程特色，教学中缺乏发展学生个性的教学关注，学生的个性发展受到影响。

（四）生物化学专业实践教学的师资队伍建设有待加强

在高校不断扩招的高等教育背景下，高校学生的数量越来越多，学生的学识也变得参差不齐，但是面对学生在数量与质量上的变化，高校教师没有做出大的变化来适应教育教学的实际需求。实践教学教师的整体素质偏低。在实践教学的实验教学环节，学校会聘请一些专门的实验教师进行教学，称为实验员，而这些实验员大都是刚毕业的学生，他们有相应的实验操作技能与技巧，但是缺少相应的实践教学技巧，在实践教学中往往能完成实验教学的程序教学，但在学生的潜力与个性培养方面有欠缺。实践教学的"双师型"教师缺乏。"双师型"教师即在教学中既能胜任理论教学又能胜任实践教学的理论与技术并重的教师。高校中存在"重理论、轻技能"现象，教师中也存在"喜欢上理论课而不喜欢上实践课"的现象。学校对"双师型"教师的培养没有有效的措施，导致教师对实践教学的观念与教学手段缺乏认识。

（五）对实习基地建设与管理重视不够，实习单位与就业单位对口性不高

由于经费投入等原因，学校对专业实习基地的建设与重视度不高，很少有学生能在结束相应的专业实习后进入实习单位工作。学校在寻找专业对口单位作为相应专业的实习基地时，往往选择实践平台较高、技术过于专一的企事业或科研单位，学生在实习的过程中难以接触到技术领域的实习工作。访谈调查发现，有一些学生实习工作内容与大学所学知识相差甚大，抑或在实习中学生只是重复做一些缺乏技术性或与专业知识对口性不高的实践活动。在组织生物化学专业的专业实习时，可以安排部分学生到科研单位参加实习，以科研人员的身份参与单位的科研课题，从而提高学生的专业素养，培养学生的科研实践能力，学校与实习基地也能实现"互利互惠，共同发展"，从而加强学校实习基地的建设与管理，并提高实习单位与专业的对口性。

第三节　生物化学专业实践教学的模式探索

通过对生物化学专业实践教学体系中问题的分析可知，目前我国高校要提高实践教学水平，不仅要主观上重视实践教学体系建设，而且要从资金、课程、教学、评价机制、激励制度，以及师资建设等各个方面对实践教学体系进行完善。

一、生物化学专业实践教学体系的完善办法

（一）加大资金投入力度，完善生物化学专业实践教学

生物化学专业实践教学的实验教学、见习、实习（野外实习与专业实习）、毕业设计（论文）等教学环节都需要有足够的资金才能顺利有效地开展。根据我国一些综合性高校的实际情况，资金投入主要的使用途径有：①更新与购买实验教学设备。高校实验设备不少，规模也较大，但是高校的实验设备大多是用于科研工作，真正使用在实践教学中的实验设备还远远不能满足学生独立操作实验过程的需求。由于实验设备数量有限，学生在开展课外实践活动时，创新性发展与个性养成受到限制。②提高实践教学教师待遇。高校教师普遍认为实验员是一个"苦差"，高职称高学历的教师参与实践教学的积极性不高，学

校通过专门的实践教学经费来奖励或提高参与实践教学教师的待遇，并制定相应的政策与措施激发有资历的教师参与到实践教学中。这是提高实践教学质量的有效途径，也是提高大学整体教学质量的途径。③由于实践教学课程管理、开发与整合。④由于实习基地建设与管理。

"创新是一个民族的灵魂，是一个国家不断前进的动力"，国家对于创新型人才培养的关注一直在加强。生物化学专业实践教学体系是创新型人才培养的一条重要途径，在进一步深入研究该专业实践教学体系时要加强课程整合、实践教学整合与学生能力培养整合的研究，使得生物化学实践教学体系在人才培养上满足社会发展与人的全面发展的需要。

（二）优化专业课程设置，理论教学与实践教学"两手抓"

实践教学与理论教学是生物化学专业教学的两个重点，在教学中要转变传统的教学理念，对实践教学要有充分的认识，摒弃重视理论教学而轻视实践教学的错误观念。教师在实践教学中要积极开发有利于培养学生实践能力、创新能力、实用能力的实践教学内容与教学方式。在课程的设置管理方面，所有的任课教师都应当参与实践教学其中，以研究者与教学管理者的身份，根据学生的实际情况来开展专业课程的设置与管理，加强专业课程对学生思想意识、知识与能力培养的有效性，完善实践教学，发挥实践教学各方面的教学功能。

（三）重视专业实验课教学，加强实验能力培养

在教学实践中，教师往往忽视学生学习方式的培养。实验课是高校在校内场合培养学生实践创新能力的有效途径，实验课程的开展方式、时间以及考核形式在很大程度上直接关系到学校人才培养的效果与质量。实验教学能够让学生熟悉实验操作，养成专业实验操作能力，同时也是学生获取创新意识、创新思维与创新能力的教学平台。实验教学要逐步减少重复性实验，增加创新性实验，加强学生对实验的设计能力、运用基本实验技能综合解决复杂问题的能力，以及创新使用实验方法、探索实验技术的能力。

（四）进一步完善实践教学的评价体系

实践教学在教学过程、教学管理以及学生能力培养等方面相比于理论教学有很大的差异，因此，在完善实践教学体系的过程中，加强对评价体系的完善，不仅可以对学生专业实践能力的培养起到导向作用，也对高校教学改革起到促进作用。

（1）完善实践教学评价的操作过程。在制定课业评价之前，要根据本专业的实际特点，在实践教学的各个实施环节，实践教学的考核形式既要考虑学生

的实际情况，也要分析教学环境、教学资源等客观条件因素。实践教学的课业评价应嵌入实际教学过程，学生成绩的考核不仅要有期中与期末考试成绩作为评价的参考对象，还应该是一系列课业成绩综合的结果。

（2）设置科学有效的评价标准。实践教学的课业评价指标具有诊断性、反馈性、导向性与监督性等特点，对实践教学的决策、沟通与激励具有很大的作用。实践教学在对学生课业开展评价的时候，要按照相应的"实践教学课业评价指标"与"实践教学课业评价标准"进行评价。

（3）完善实践教学评价的参考对象。教师在评价学生实践教学课业成绩时，可以综合考虑学生个体与个体之间的评价、学生集体对个体的评价，在实习环节还可以综合考虑实习单位的评价。

（五）建立实践教学的激励制度

建立实践教学的激励制度，目的在于激发教师参与实践教学的热情，增强学生在实践教学中对自身实践素质与能力培养的意识。学校可以通过开展多种多样的大学生实践活动激励学生的实践意识，并在相应的实践教学中依据有关政策，对参与到实践教学中的教师在职称评定、资历考核等方面给予支持。而对于在实践活动或者实践教学中表现突出的学生，学校可给予一定的物质与精神奖励，激发全员学生创新地参与到实践教学活动中去。

（六）加强教师素质的培养

实践教学质量的提高仅靠建立激励制度是不能从根本上实现的，学校还应该加强对实践教学教师的培养力度。总的来说，可以通过"引进来"与"走出去"两种方式培养教师的实践教学能力。对于刚刚参与到实践教学中的教师，学校可引进相关专业的技术人员对教师进行培训，此外，学校若有条件还应该多选派教师到国内外进行参观、学习，以提高教师的综合实践能力与教学能力。

二、生物化学专业实践教学的设计

（一）人才培养目标定位

业内专家认为，我国发展生物化学相关产业，迫切需要两方面人才：一是从事实验室研发的"上游学术人才"，他们能够帮助提升我国的生物科技水平；一是熟悉科技成果产业化操作的"下游工程人才"，他们能够及时将科技成果产业化。据权威人士估计，我国在生物化学领域中，"上游开发"仅比国际水平落后3~5年，而"下游工程"却至少落后15年。"下游工程人才"培养的缺位，已成为制约我国生物经济发展的瓶颈。改变这一状况，需要大批既熟悉生物科技知识，又熟悉产业化诸多环节的复合型"双料人才"，而这恰恰是当前生物技术领域人才培养的"短板"。因此，生物技术领域培养的人才既不是纯研究型人才，也不是纯应用型人才，应该是既具有广博扎实的基础知识，又具有开阔视野和创业精神，集学、研、产为一体的复合型人才。

目前，从开设生物化学专业的院校来看，既有生命科学研究人才培养整体实力很强的全国重点院校，也有省属院校、省部共建院校、独立学院，还有个别市属或地区、行业方面的院校。不同类型的院校在人才培养目标方面应有不同的定位，确立学科发展方向应结合自身的行业背景和条件，着眼国家与地方生物产业发展，培养与产业发展和行业特点相适应的复合型人才，立足学校实际，强化办学特色。

重点院校应主要着眼于学科发展的前沿，瞄准国际先进水平，参与国际竞争，培养具有国际视野的生物学创新型人才，在这一思路指导下的人才培养模式、目标、课程设置、师资配备、科学研究等应向国际化标准靠近，培养的人才也应向国际标准看齐，参与人才的国际化竞争。另外，省属院校在地方院校中所占的比例很大，是地区经济社会发展的重要依靠力量。这些院校当前应抓住建设"国家生物产业基地"的战略机遇，以产业需求为导向、以学生能力培养为核心，建立上下游结合、学研产结合、国内外结合的人才培养模式。

民族院校应着力培养与民族区域发展相适应的生物学复合型人才，师范院校应着力培养地方急需的生物学中小学教师。行业背景突出的院校同样要依托行业培养生物学复合型人才，如依托食品行业、酿造行业、化工行业、医药行业等。

要将高校的人才培养与地区经济紧密结合。尤其在生物技术飞速发展的21世纪，我国诸多省份，如湖南省提出将大力发展以生物信息及生物能源为主的国际前沿先导产业，培育以生物服务外包、生物制药、中药现代化和生物农业为主的优势产业，做大做强以医疗器械和化学药制剂为主的规模产业。地区各类型高校应据此找准切入点，结合地区发展、行业发展，进行生物学复合型人才培养。如农业院校，应面向农业生物高新技术产业，培养具有创新创业能力的生物学高素质人才。另外，还有少量民办院校，应发挥其体制灵活的优势，根据市场需求和自身实力培养生物学实用技能型人才。各级教育主管部门应从政策上加以引导，通过市场化机制规范民办院校办学，使其成为人才培养体制的一种补充。

（二）课程设置

课程是实现培养目标的基本单元，课程体系是构成本科生培养模式的基础部分。构成人才的素质、能力和竞争力都是通过课程学习逐步形成的，课程体系设置是否合理决定着学生知识面的宽窄和知识结构的优劣。

生物化学专业课程体系建设应考虑以下三个方面的内容：一是就业市场对生物化学专业人才知识、能力与素质结构的要求。生物技术是一种高新技术，可以应用于农业、工业、食品、医药、微生物等领域，市场需求范围广。这要求高校以"通才教育"为基础，实施宽口径的专业教育。通过宽口径的课程设置和全面性的教育教学，强化学科基础与素质教育，切实做到通识教育与专业教育相融，培养出基础厚、素质高、能力强的生物学复合型人才。同时，高校应加强生物产业和生物化学技术领域发展趋势和人才需求研究，形成有效机制，吸引产业、行业和用人部门共同研究课程计划，构建与经济社会发展相适应的课程体系。唯有如此，才能培养出基础扎实、知识面广、技术过硬、适应市场需要的应用型人才。二是生物化学专业与生物学科、生物产业的发展趋势。生物技术是生命科学中发展最活跃的领域，高新技术涌现，为生物学及其他学科的发展提供了重要的理论依据和研究手段。高校应将生物技术与生物产业的最新发展趋势引入到教学当中，开设前沿特色课程、营销管理课程和跨学科课程，使学生了解和掌握最新生物技术和产业的动向。三是国际化的需求。体现在教学和课程改革中，一方面是语言的国际化，一方面是教材的国际化。高校应进一步推进课程和教材建设，强化双语教学，不断探索双语教学的最佳方式以及与课程体系的衔接关系，努力提升双语教学的质量，逐步提高核心课程中双语教学的效果和比重，在数量上逐步覆盖全部核心课程，使教学内容始终跟上国际生物学发展的步伐，着力培养具有国际视野、国际交往能力、国际竞争力的高素质人才。

总之，要按照"厚基础、宽口径、重个性、强能力、高素质、求创新"的要求，构建数量充足、种类丰富、开放综合的课程体系，即公共基础课程和选修课程数量充足（约占毕业总学分的1/3），课程学科类型和教学形式丰富，具有较强的开放性，密切融合且综合化的课程体系。课程设置既要大力加强数理化等基础学科以及宏观生物学领域的教育，又要根据学生的兴趣，有方向性地培养，还要密切联系相关研究开发与产业实际，培养学生从事原始创新研究与产业开发的能力。

（三）教学方式

在教学方式上，高校应注重理论与实践相结合教学模式的实施，采取问题式、讨论式、开放式的引导型理论教学模式，及"学研产"紧密结合的实践教学模式，将教学与研究融为一体，积极推进研究性教学和探究式学习。

研究性教学对于学生来说是一种有效的学习引导和能力培养方式。研究性教学强调的是三个方面：一是生物技术产业是高科技产业，从业者需要有扎实的学科基础和较强的研究能力。据此，教师要突破教材、课室的限制和束缚，将教学看成是科学、文化、艺术和责任交融的系统工程。二是在教学过程中强调"教师是主导，学生是主体"，教师要善于将专业课程与科研实践活动紧密结合起来，将教学重点从知识的传授转移到以研究、探索为基础的教学上来，将研究性教学与探究式学习有机地结合起来，少灌输、多引导，激发学生自主学习和探究的动机，引导学生在教学中主动从事或参与科研，了解和掌握科学研究的方法，从而调动学生参与知识建构的自觉性和积极性，达到培养学生的创新精神、实践能力和社会竞争力的目的。三是除了研究学科发展、课程体系和教学方法外，教师还必须研究授课艺术、授课对象，在提高自身修养和素质的基础上创建新的教学模式，进行科学的课程建设、教材建设，以及教学方案和方法的设计。

（四）实践教学

生物化学专业是一门实践性、技术性很强的专业，其实践教学环节对于培养学生的创新精神和实践能力具有举足轻重的地位。因此，构建一个系统、科学的实践教学体系是实现生物化学专业人才培养目标的关键。

1.构建科学合理的实践教学体系，注重学生实践能力的培养

（1）要树立以能力培养为核心的实验教学理念，实施研究式、互动式、开放式实验教学模式，构建开放式的实验教学体系。体系的建立应坚持目标性、系统性、层次性和发展性相统一的原则，开设包括基础型、综合提高型和研究创新型等三个层次的实验，通过基础型实验，使学生掌握常用的生物学实验技能；通过综合提高型实验，培养学生的综合分析与解决问题的能力；通过研究创新型实验，培养学生的探究能力与创新精神。

（2）要加强实验课程建设，增加实践教学环节。一要增加独立开课的实验课程的比例，大力推进研究创新型实验课程建设，构建具有优势和特色的研究型实验课程体系，使实验教学与理论教学之间合理衔接，实验课与理论课内容融会贯通。二要整合基础型实验课程，增加综合提高型和研究创新型实验课程的学时数，减少陈旧、重复的内容，做到实验内容技能化、多元化、个性化，使学生有更多时间和精力投入到多种途径的创新能力训练环节之中。三要促进科研渗入实验教学，加强实验教学内容与教改成果和科研成果的衔接，不断引进现代生物学前沿实验技术，并有效转化为实验教学资源。

（3）加强实习基地建设。建设以多渠道、多层次、多方式构筑，上下游结合、"学研产"结合和国内外结合为一体的立体化实验（实训）教学平台，建立学生到工厂、企业、农村、社会等实践教学基地开展实践实习的有效机制。通过"产学研"结合，加强与企业（行业）的联系与合作，开辟双向互动的实践教学基地，聘请实践经验丰富的工程技术人员参与指导学生实习。要加强生物学和生物工程实验教学中心建设，为学生提供优良的实验教学条件。

2. 支持和鼓励本科生科研，注重学生研究能力的培养

（1）要坚持教学与科研相结合，充分发挥广大教师的科研优势，多途径为学生提供科研训练平台。通过吸收学生参加教师课题组（主要利用课余时间进行），在真实项目牵引下参与科研活动或在教师指导下独立承担研究性子课题，培养学生独立设计、独立操作、独立思考和独立解决问题的科学研究能力。

（2）要将大学生科研训练计划作为必修内容纳入教学计划，并设置创新学分。通过进入科研实验室、产学研基地、SRT（Students Research Training）项目研究、科研训练专项课题、综合论文训练等形式，使学生有机会参与科研，接触学科前沿，了解学科发展动态，掌握科学研究的基本思路、方法和手段，培养学生创新思维与实践动手能力。

（3）要坚持第一课堂与第二课堂相结合，激励和支持学生积极开展课外学术科技活动。通过举办学科竞赛、大学生科技论坛等课外科技创新活动，让学生接触了解社会，经受锻炼，触摸专业技术发展的脉搏，引导大学生在研究和开发中学习，在课外活动和社会实践中学习，激发学习和探究的兴趣，在实践活动中培养实践创新能力。

3. "产学研"结合，为学生搭建实践创新能力训练平台

培养生物类本科生的创新精神与实践能力，必须大力加强"产学研"合作，努力改变人才培养与经济、科技相脱节的状况。产学研结合有利于高校改变封闭的办学模式，充分吸收企业资源参与办学，实现人才培养规格与企业用人标准的无缝对接，提高人才培养的针对性，还有利于弥补科研和教学经费的不足，改善学校办学条件，利用企业生产基地开展实践教学，培养具有较强实际工作能力和创新能力的复合型人才。对学生而言，"产学研"合作教育一般以岗位、

课题项目、合作项目为切入点，使大学生理论学习与实践学习有机结合起来，可以让大学生尽早地接触到企业中采用的新技术、面临的新课题，激发学生的创造灵感，充分发挥学生的自主性和创造性，从而培养创新精神与实践能力。

（五）师资队伍建设

培养学生的创新精神与实践能力，必须要有一支创新型的教学队伍。一要加强教师培训，建立"双师型"教师队伍。要引进与培养相结合，引进不同学科背景的生物学科教师，并积极创造条件为青年教师提供攻读学位、参加各种骨干教师培训班、出国等深造、进修机会，支持教师申报、承担和参与科学研究，鼓励部分优秀中青年教师到企业中任职，在生产实践中培养和训练教学、科研和产业化能力，造就一批教育教学能力强、学识素养高、精通现代生物技术的高素质"双师型"教师队伍。二要力推名师、教授上课堂。名师、教授不但在科学研究方面做得出色，而且具有强烈的创新精神和创新意识。名师、教授授课，一般视野广阔，教学内容与科研前沿结合紧密，在这种氛围的熏陶下，学生的求知欲、好奇心和学习兴趣在潜移默化中得到培养，容易形成批判性思维和探索精神。同时，教授、名师为本科生授课，可以带动和培养青年教师，帮助青年教师成长，提高青年教师的教学水平。三要建立一支校内外结合、"产学研"结合的师资队伍。通过聘请生物学领域的校外专家，以及生物企业研发和生产领域的工程设计人员、市场营销管理人员，联合组建一支复合型、多样化、"产学研"结合、校内外结合的师资队伍，为学生讲授生物技术产品研发、市场开拓、经营管理等方面的知识，参与指导学生科研实践与企业实训，共同承担生物化学专业人才培养。

（六）管理体制

1. 实施学分制、导师制和主辅修制，注重个性培养

要以人为本，强调个性培养，构建重视学生差异性、培养学生创造性的教学管理体制。一是实施创新学分制。对大学生在校级以上各类竞赛中取得优秀成绩，或取得发明、专利、发表论文、优秀设计以及取得其他突出成果者，经专家评定，授予相应的创新学分，允许免修相应课程。二是实施弹性学制。本科学习年限应更为弹性化，学生可提前毕业，也可延长学制，并允许学生中途休学创业，给学生提供更大的自我发展、自我创造的选择空间。三是培养过程实行全程导师制，由优秀专业教师担任导师，负责指导学生选课、研究性学习、主动实践和科技创新（包括科研训练与毕业设计等实践环节），并提供研究与学习条件等方面的支持。四是在全学程管理中实行"动态择优培养、全程分流

淘汰"制度，同时，实施双学位、主辅修、本硕博免试推荐、分段培养等组合式教学运行制度，为学生提供多条发展道路。

2.建立合理的教学评价机制

要改革现有的教学评价机制，建立以能力评价为主的学生学业评价体系，实行教师评价与学生评价相结合，过程评价与终结评价相结合，通过评价与考试相结合的方式来全面评价人才培养质量。评价的内容分为三个方面：一是科学素质评价，即对主干和核心课程以及实践教学环节采用过程与终结评分，加强平时考核，注重对主动学习、主动实践和创新素质方面的评价。二是人文素质评价，即针对学生领导组织能力、团队合作能力、人际沟通能力、获取信息能力和批判性思维能力的评价。三是品德素质评价，即对学生爱国主义、学风作风、责任意识、诚信守纪、拼搏精神等方面的评价。

第四章 网络技术在生物化学专业实践教学中的应用

目前我国高等院校对网络环境硬件投入相对重视，而忽视了学习资源软件建设，即使有好的网络环境，可供学习的资源也不多。许多高校只停留在课件制作上，既缺乏必要的教育心理学理论指导，又无统一的技术规范，制作过程具有很大的随意性、盲目性，无系统性和科学性。

生物化学作为生物化学专业的一门重要的基础学科，是公认的难学、难教的学科之一。因为生化反应过程多、分子结构大、物质的代谢过程复杂。教学知识表达困难，导致教学效果差。传统的教学模式严重影响了生物化学的教学质量。如果能用多媒体手段辅助教学，将大大提高教学质量。但目前生物化学课程的网上资源较少，更没有生物化学网络课程可供借鉴。

本章以高校生物化学专业的生物化学课程作为依托，结合现代信息技术及已成熟的教育心理学理论做指导，对网络课程的开发和利用进行研究，探索基于网络技术进行生物化学专业实践教学的新方法。首先从生物化学专业网络课程概述、实践教学与网络课程的结合、生物化学专业实践教学网络课程构建三个方面对现代生物化学专业的实践教学模式进行探索，然后通过具体教学设计，从课程设计与过程评价两方面，对基于网络技术的实践教学课程进行研究。

第一节 生物化学专业网络课程概述

一、网络技术与现代教育的结合

任何课程改革的理念都要建立时代特征的基础上。21世纪是网络时代、知识经济时代，以信息技术为代表的高新技术使就业从体力（Brawn）向脑力（Brain）转移。网络时代所培养的人应是有道德及合作精神的、天赋充分展现的、能自行提出问题并创造性地着手解决问题的人。

　　马克思早就意识到人类社会的每一次重大进步都依赖于技术的飞跃，所以他将生产关系的变革建立在生产力进步的基础上：第一阶段，技术通过一种直接主动的方式与自然发生关系从而与人性接合；第二阶段，技术推进了人的生产器官的进化。

　　从 1750 年到 1900 年的 150 年间，技术征服了地球，创造了世界文明。瓦特在 1765—1776 年对蒸汽机的重新设计，使蒸汽机成为一种成本效益合理的动力机，从而引发了第一次技术革命，把人类从手工业时期带到了机器时代。第二次技术革命发生于 19 世纪和 20 世纪转交之际，发电机和电动机的发明与使用，简化了机器的结构，方便了设备的布置，使工业的地理分布更为合理。第三次技术革命始于 20 世纪 50 年代，其标志是原子能工业、半导体工业、高分子合成工业、空间技术、计算机首次革命。第四次技术革命产生于 20 世纪 80 年代，其标志是计算机的二次革命和生物工程。

　　信息技术不是独立于人思想活动的单纯工具，而是思想的延伸和直接表达。表达个体思想的语言是我们第一种思想技艺，信息处理是从口语开始的。文字和书籍使人类能够储存、扩展和开发诉诸语言的思想，它是第二种思想技艺。信息技术的出现则为我们开发了第三种技艺，它使我们的思想在全球范围即时传播和反馈，并使思想以多种方式——语言、符号、图像、声音、活动等获得表征。

　　信息技术自出现起就深刻影响了我们的社会发展与生活方式。教育的目的和最终目标是培养能为社会发展做出贡献的人才，显然教育是不能脱离社会和信息技术的。但是，信息技术在教育中的推广存在两种误读。一是认为新的教育理念是外在于信息技术的，即教育观念和信息技术是彼此独立的，前者凌驾于后者之上，教育观念对信息技术有一种支配作用，教育信息化就变成了教育与现代信息技术的结合。其实情况正好相反，在今天日新月异发展着的信息技术中早已蕴含着我们需要去领悟的教育新观念，是信息技术为我们提供了新的教育理念并激发我们的教育想象力，而不是教育理念为信息技术提供了发挥的方向。基于信息技术的教育改革就是揭示内含于信息技术中的新观念并使其成为课程改革的基本理念。因此不能由脱离信息素养的教育观念去引导信息技术在教育中的运用，而要以在信息技术中蕴含的教育新理念去引导教育改革。二是惧怕技术对人的控制。技术对人的控制的责任不在于技术本身，而在于人和制度对技术运用的方式。虽然每一种技术都可能有消极影响，但是所有这些技术的总体影响是积极的。

二、网络课程的教育心理学理论基础

（一）认知主义学习理论

认知主义是以隐藏在行为后面的思维过程为基础的，它认为行为中的变化是可观察的，但这只是学习中头脑中正在进行着的一切指示剂。认知主义注重学习者的内部心理过程，强调对学习的态度、需要、兴趣、爱好，在学习过程中学习者利用个人的知识和认知结构，主动地、有选择地学习。20世纪50年代后期，受西方传统哲学和邻近科学如控制论、信息论、计算机科学以及语言学的影响，现代认知心理学飞速发展起来，从20世纪70年代开始，认知心理学渐渐渗透到心理学的各个领域，并成为西方心理学的一个主要方向。

认知心理学的研究表明：人类思维具有联想的特征，人在阅读和思考问题的过程中，经常由于联想，从一个概念或主题转移到另一个相关的概念或主题。所以，按非线性网状结构组织的超文本与传统的线性结构组织的文本相比，更符合人类的思维特点和认知习惯，当学习者听到、看到或联想到一个概念时，代表这个概念的网络节点就被激活，然后向邻近的节点扩散，使邻近节点也得到激活，邻近的节点又激活它的邻近节点。这种超文本的结构编排，有利于学生在原有知识的基础上，同化新知识，形成新的认知结构，有利于学生进行发散性思维和创造性思维。因此，它特别适合于学生进行自主发现、自主探索和学习。

（二）建构主义学习理论

建构主义学习理论认为，学习者应在一定的情境中获得知识。教学设计的理论基础经历了从行为主义到认知主义的转变，近年来又出现了向建构主义发展的理论倾向。网络教学资源的设计与开发必须根据教学内容和学习方式的不同，确定与之相适应的理论依据。知识不是通过教师传授而获得的，而是学习者在一定的情境中，借助他人（包括教师和学习伙伴）的帮助，利用必要的学习资料，通过主动建构意义的方式而获得。它强调学习以学习者为中心，学习不应该采取传统教学那种单纯通过教师传授或灌输的教学模式来实现，即使是课堂教学的形式，教师的角色也应转变。为使学习者主动去进行意义建构，教师应成为有利于意义建构的帮助者、促进者，其角色是学习过程中的诱导启发者、协作讨论的组织者或学习的参与者。网络课程的学习符合这些特点。建构主义理论特别强调学习环境的设计，学习环境即"学习被刺激和支持的地点"，就是学习者在追求学习目标和问题解决的活动中，利用多种工具和信息资源，并相互合作和支持的场所。学习者在一定的情境即社会文化背景下，借助其他人的帮助即通过人际间的协作活动而实现的意义是建构的过程，因此建构主义学习理论认为"情境""协作""会话"和"意义建构"是学习环境中的四大要素。

多媒体和网络通信技术作为建构主义学习环境下的理论认知工具，能有效地促进学生的认知发展，有利于四大要素的充分体现。在建构主义的环境中，重心从教师转向了学习者，这种重心的转变将带来全新的教学图景。因为建构主义教学活动以学习者为中心，且教学情境具有真实性，所以学习本身就更为有趣，因而更能激发学习者的学习动机。建构主义认为，学习是在一定的情境下发生的，知识也只有在一定的情境下才会有意义。枯燥、抽象的信息不利于学生对知识的建构，只有从真实情境出发，通过分析解决真实问题才能促进学生对知识的获取与建构。在个体与环境相互作用的过程中，所建构的认识因人而异，有的较全面，有的较片面，有的非常正确，有的则完全错误。这就要求学生就某一问题与他人交流看法，通过交流，个体可以知道自己与他人的认识是否一致或兼容，可以看到他人如何处理同类问题，即个体必须在社会环境中不断检查和修正自己的认识，使之更符合客观规律，才能产生真正意义上的学习。另外，在学习活动中，建构主义主张学习者积极参与教学过程，从而主动控制教学过程，完成学习任务。认知建构教学主张为学生提供强有力的协作互动的学习环境，以强化师生互动、学生互动为基本内容，以营造轻松愉快、生动活泼、合作竞争的教学氛围为特征。这样的学习环境是促进学生建构良好的认知结构的前提条件。进入 20 世纪 90 年代，由于多媒体计算机和基于因特网的通信技术所表现出的多种特征特别适合实现建构主义学习环境，能有效地促进学生的认知发展，所以随着多媒体计算机和网络教学应用的飞速发展，建构主义学习理论正愈来愈显示出其强大的生命力，并在世界范围内日益扩大其影响。

（三）人本主义学习理论

以卡尔·罗杰斯为代表的人本主义学习理论认为，学习是个人潜能的充分发展，是人格的发展，是自我的发展。学习不是刺激与反应间的机械连接，而是一个有意义的心理过程，它不仅包含理解和记忆的过程，而且包含价值、情绪的色彩，这种学习以个体的积极参与和投入为特征，是一种自发、自主、自觉的学习，是从自我实现的倾向中产生的一种学习。学习者可以自由地去实现自己的潜能，求得自己更充分的发展。人本主义心理学试图在教学中建立积极感受下的学习模式，教师安排学习环境，允许学生自行发展，这与行为主义学习、认知主义学习缺乏情感的学习截然不同，它强调教师应该意识到人的学习，即人本主义教育观产生的基础。

网络环境下的自主学习，是指学生利用网络环境提供的学习支持服务系统，能主动地、有主见地、探索性地学习，其实质是在教与学的过程中，从以教为中心走向以学习为中心，从以教师为中心走向以学生为中心，充分发挥学生的主观能动性和创造性，在主体认知生成过程中融入学生自己的创造性见解。罗杰斯从人本主义的立场和观点出发，以"机体潜能说"和"自我实现理论"为思想基础，提出了"意义学习"的一系列假说，以自主学习的潜能发挥为基础，认为人的机体有一种自我主动学习的天然倾向，以学会自由、学会学习、学会适应变化和自我实现为目的，自主选择适应于自己的学习模式。

综上所述，人本主义心理学在教学中最大贡献是更多地培养学生主动学习、创造性学习。特别是考虑到学习不仅是智力活动，而且是一种感受，因此更像人的学习过程，而不是机器式的学习。在这里，学生感受到自己的力量与价值，增强了自信心，这是人类成功的基石与保证，网络课程的开发体现了这一教学思想。

（四）信息加工理论

从信息加工的角度来看，教学过程就是一个信息的输入、感知、加工、理解的过程。根据所罗门的分类：在信息输入过程中，视觉型的人约占69%，言语型的人约占30%；在感知过程中，感悟型的人约占57%，直觉型的人约占42%；在加工过程中，活跃型的人约占67%，沉思型的人约占32%；在理解过程中，序列型的人约占71%，综合型的人约占28%。传统教学对输入过程以言语型为主、感知过程以直觉型为主、加工过程以沉思型为主、理解过程以序列型为主的学生来说比较适宜，而对于其他同学来说是不太适宜甚至根本就不适宜的，其直接结果是教学效率低下。信息技术可以集声音、文本、图像、动画于一体，充分利用人的视觉、听觉乃至触觉、嗅觉等多种感觉器官，在教学过程中实施多感官刺激，以图文并茂、动静结合、可触可感的方式把教学内容立体地呈现在学生面前，使学生的多种感觉器官被充分地调动起来，参与到学习内容的感知过程中，全方位、多角度地获取知识信息，促进学生新旧知识之间同化和顺应过程的顺利完成，从而加深学生对学习内容的理解和巩固，大大提高教学的效率。美国心理学家库勒克的实验表明，学生使用计算机进行学习可以比传统教学节约30%~50%的时间。网络课程生动形象，辅之以适当的讲授，本来非常抽象的、难以讲授清楚的知识变得生动活泼，既节约了教学时间，又加深了学生的认知印象，大大提高了学习效率。

三、网络课程体系的构建原则

（一）目标原则

网络课程应以学习为本，充分发挥网络教学的优势，创造有利于学生素质教育和创新能力培养的多样化的网络教学模式。网络课程必须有明确的目标，以保证网络教学活动的顺利进行。然而网络课程不是完全独立的，不同课程之间必然有严格的联系，从而构成一个开放的网络课程体系。因此研究网络课程体系，对生物化学课程的网络课程建设有着指导性的作用。网络课程体系应在对学生、学科和社会研究的基础上，确定课程内容、组织活动，把对学习主体的尊重、学科的发展和社会的需要协调起来。网络课程体系的目标有以下几个方面。

（1）满足社会的实际需要。网络课程体系中应该包含更多的有实际价值、和生活密切相关的内容，应能体现教育的文化、政治、经济等功能。为学生营造探索与创造的空间，满足学生个性化学习要求。在 21 世纪，科学技术尤其是高新技术将成为社会生活的重要内容，创新与创造将成为日常工作的主要基调，要把全面素质与创新能力的培养作为教育改革重点，注重培养、学生的探索、反思与创造能力。网络是一个优秀的教育信息贮存、递送媒介，在提供创新环境与创造性学习条件方面具有明显的优势，必须予以充分利用，让学习者在专家的指导和帮助下，创造性地着手解决问题，使其协作能力、探索能力、创造能力得到提高，个性得以发展。信息社会是一个人们之间竞争日趋激烈，而又愈加相互依赖的复杂社会，信息社会中的人不仅要具有面对可能出现的新问题所必需的基本知识和技能，而且更重要的是，应当身心健康并和谐发展，具有面对新问题的勇气和自信。哈佛大学前校长陆登庭认为"最好的教育不但帮助我们在职业上获取成功，还使我们成为更善于思考、更有好奇心和洞察力、更完满和充实的人"。网络课程应借助虚拟技术，使得传统校园的文化氛围、人文精神在时间、空间上得以延伸，学生在主动参与学习的同时，能得到网络课程所提供的人文熏陶，使自己的综合素养得到提高。

（2）体现课程自身的开放性、动态性。课程自身要求在时间、空间和内容上进行开放和动态更新，表现在各个知识领域的相互关联、对科学技术进步的开放；教学内容的动态及开放性组织、学习过程组织中的平衡。网络本身是动态和开放的，为网络课程的动态和开放提供了良好的平台。动态、开放可以使网络课程得到不断充实、完善，能随时调整来满足各方面需求，未能充分发挥动态、开放的网络课程将不是合格的。开放、动态性充分体现了时代发展的特征和网络教学的优势，将知识以课程的形式进行新的组合和分类，构建网络课程结构，体现课程间的关联性，充分表达教学过程中人的活动，使网络课程体系走向有序化和人性化。

明确网络课程体系的目标，有助于更好地理解和设计课程体系。网络课程作为网络时代新的课程理念，有着自身特有的结构体系，能体现网络开放、动态的特征，要发挥网络教学的优势，为实现课程体系的目标服务。

（二）组织原则

网络课程的内容既要体现出学科本身的系统和内在的联系，还要按照学习者心理发展的特点，以及兴趣、需要、经验背景等来组织。学科体系是客观事物的发展和内在联系的反映，课程之间不是独立存在的，而是有其内在的联系。另外，学生是认知活动的主体，课程内容的组织如果不符合学生的发展阶段和认知特点，学生就难以接受，那么网络课程就是低效的甚至是无效的。

网络课程应提供完全个性化的学习环境，有利于个别化学习与协作化学习。学习者进入网络教学系统后，可根据课程信息库中的课程设置，选择自己感兴趣的专业课程，可获得个人的网络笔记本、电子信箱、课程信息、资源库、网上练习等。其中网络笔记本和网上作业与测验充分体现了个别化自主学习环境；学生笔记本是辅助学习工具，具有随时在线存储、提交信息的强大功能，学生在学习的过程中，可以随时在内容上加注，记录学习心得、疑难问题和重点内容，对课程内容进行重组、意义建构，形成自己的学习资源。另外，通过网络笔记本可以设定标签以标记感兴趣的内容、进行资源探索，有助于学习者进行探索式学习。网上作业与测验是学生对自己学习情况的检验，有助于及时知道学习过程中存在的问题，有针对性地进行下一步学习，从而取得较好的学习效果，达到预定的目标。

在学习过程中，网络课程应提供协作化学习的环境。某些教学内容的学习需要教师与学生、学生与学生的交互作用和群体的协商与对话（如提出问题、参与讨论、发表自己的观点、进行实验、得到教师的指导与帮助）。可以进入虚拟教室进行必要的沟通与交流，开展协作学习，使学生感觉到不是纯粹在向计算机学习，而是在老师的指导下与其他学生共同学习，体现了人性化的交流，弥补单独学习的缺憾。协作化学习的核心是让一群学习者共同去完成某一学习任务（问题、专题研究、个案设计等），对知识的建构是在与同伴竞争、沟通、协调和合作的过程中逐渐形成的。

第二节　基于网络技术的生物化学专业实践教学

一、生物化学专业网络课程开发的时代背景

从基础教育到高等教育正在发生一场历史性的变革，这场变革使教育模式迅速步入信息时代。国际 21 世纪教育委员会向联合教科文组织提交的报告《教育——财富蕴藏其中》指出："新技术使人类进入了信息传播全球化时代，它们消除了距离障碍，正十分有效地塑造明日的社会，由于这些新技术，明天的社会将会不同于过去的任何模式。通过网络新技术，最准确和最新的技术可以及时地提供给地球上的任何一个人使用，并能达到最偏僻的地区。"信息技术使人类最新的教育、科学、文化成果可以很快地传播，人人可以共享，同时信息技术的发展使人类进入了学习化社会。学习化社会要求教育的中心主题从传统的"学习知识"转移到"学会学习"上来，这样可以促进教学模式由教师主导向学生主体转变，更好地发挥、发展学生的主体性，满足不同学生主体的需要。

信息时代教学模式的变革出现了网络课程这一新生事物。根据教育部现代远程教育资源建设委员会出台的《现代远程教育资源建设技术规范》的术语定义："网络课程是通过网络表现的某门学科的教学内容及实施教学活动的总和，它包括两个组成部分：按一定的教学目标、教学策略组织起来的教学内容和网络教学支撑环境。"网络课程就是信息技术与课程的整合，根据一定的课程学习内容，利用多媒体集成工具或网页开发工具，将需要呈现的课程学习内容，以多媒体、超文本等友好方式等进行集成、加工处理，转化为数字化学习资源，根据教学的需要，创设一定的情境，并让学习者在这种情境中进行探索、发现，有助于加强学习者对学习内容的理解和学习能力的提高。这一崭新的教学模式在近年的教学实践中被应用。网络课程结构中，可以通过应用程序将各部分共享资源有效地结合起来，学习者可以实时地享用最好的学校、教师、课程，可以得到图书馆、艺术文化资料，万维网又使交互式多媒体技术直接运用于教育，使更多的学习者受益。网络课程通过网络将分散的资源集中起来，学习者的视野将会大大扩展，在解决问题时对信息的调用就会容易得多。在网络课程的教学中，实现了教师、教学内容或教材（包括文字教材、音像教材）、教育技术手段和教育方法与学生的有机结合。学生的活动范围可以是学校、课堂和社会。

学生可以利用互联网访问各种站点，获取各种信息，拓展活动范围。教学方式是集体化和个别化的结合，各个小组都有自己的讨论专题范围，讨论者不受时空限制，可自由讨论感兴趣的问题。学校课程及课程内容的载体（教材）将不是学生学习的唯一渠道，或者说，课程、教材的内涵与外延将发生巨大的变化。

　　教学资源共享的重要途径是教学交互。网络教学既能进行社会交互，又能进行个别化交互，具有交互的广泛性。课堂面授环境下，教师需要通过交互以处理来自学生的反馈信息，现场即时调整教学策略，有效控制教学过程。而学生在课堂环境下的交互是受调控的，甚至是被压抑的。网络教学环境具有激发、增进、实现交互需要的种种优势，如手脑并用的均衡性（促进神经网络的信息交互，有利于个体的均衡发展）、人机界面的友好性（生成敏感视像语言，自主控制教学资源）、参与身份的隐匿性（教学角色可扮演、可转换）、参与机会的平等性、资源利用的共享性，等等。由此，学生的交互需要（心理能量）可得到极大的释放和满足。

二、生物化学专业进行网络课程开发的重要意义

　　生物化学的教学现状决定了该课程需要用新的课程形式来取代传统的课程形式。应用现代教育技术即网络多媒体技术，开发生物化学的网络资源，构建生物化学的网络课程，符合生物化学的教学特点。生物化学的网络课程除了具有其他网络课程的优点，还具有其个性，有益于生物化学教学质量的提高，具有开发价值。

（一）网络课程能形象生动地展示生物化学教学内容，激发学生学习兴趣

　　生物化学网络课程能形象逼真地展示该课程的教学内容，是生物化学网络化教学优势的重要体现。图形、相关的其他网站和虚拟现实等多种形式，使学生得以获得最大量的最接近原意的信息内涵，极大地提高了信息传递的效率。而且多种感觉通道的信息加工大大减少了由语言文字带来的信息转换的认知负担。感性材料具有较强的表现性，在网络基础上易于模拟显示，便于学习者掌握，有利于其形象思维的快速发展。视频动画可以生动展示物质的变化过程，极大增进学生的学习兴趣。

（二）网络课程内容具有开放性，能促进课程内容更新

　　传统的学校教育滞后于社会与科技的发展，而网络课程教学有了新的内涵。文字教材出现以前，教师与教学内容合二为一；教材出现后，教师、教材

与学生是分立的；网络教学实现了教师、教学内容或教材、教育技术手段和教育方法以及学生的有机结合。学生的活动范围由课堂扩展到社会，学生可以利用互联网访问各种站点，获取各种信息。教学方式是集体化和个别化的结合，各个小组都有自己的讨论专题范围，讨论者不受时空限制，可自由讨论感兴趣的问题。教育网络与其他社会信息网络连通，使课程内容能及时反映社会发展的需求，因而信息技术能促进生物化学课程内容的更新。

（三）网络课程可使教与学的方法得到根本转变

1. 网络课程既可发挥学生的主体作用，也可充分发挥教师的主导作用

一方面，教师不再是某个固定信息的传递者，不再是教学活动的中心，另一方面，教师仍具有许多优先权，能够决定教学模式的选择、教学资源的供给，主要表现在：教师仍将作为解说者和引导者，但他们也将发挥促进者和协调者的作用。网络时代教师被视为榜样角色，他们要出色地运用各种信息，而且要富有成效。教师已成为帮助学生有效学习的指导者，其重心从单纯的"教"变成具有监控性质的"导"。在这样的网络课程教学过程中，教师通过最有效的媒体与远方的学生做面对面的交流，教学信息的流向是双向的。与传统课程相比，这种以示例学习为主的网上课程有以下特点：从学生的认知过程出发，深入浅出，以有指导的发现法，引导学生动脑、动手；学生掌握学习的自主权，能调动起学生的积极性；在学习过程中，学生根据自己的情况进行学习。这种方法真正做到了以学生为中心，把学生当作具有主观能动性、能进行积极创造的人。

2. 网络课程有益于自主学习

（1）网络环境中的学习者更容易克服对教师和学习伙伴的畏惧和羞涩心理，虽然自己意见独树一帜，但不会遭受来自大多数人的白眼和异议，也不会觉得不同意别人是件难堪的事，可以直接大方地表达自己的思想。

（2）由于使用 E-mail、BBS 等，学习者放慢了交流的节奏，不会立即获取反馈信息，从而避免了外界的干扰。学习者既可以及时察看他人的意见，又可以不受干扰地发表自己的见解。

（3）网络采用匿名等方式，使学习者免受许多限制，对自己的抑制减少，可以自由大胆地发表富于创造性的观点。

（四）网络课程有利于培养创新人才

创新人才主要指具有创新意识、创造性思维能力，掌握了创新方法，能顺利完成创造性活动，并富有创造成果的人才。网络课程应用多媒体组合，使学

习者从科学与艺术的相融中感知抽象，理解复杂。其丰富的表现手段、新奇的效果，可促使人们的思维活跃，从而引发创新意识。美国创造学奠基人奥斯本的"大脑风暴"法，是一种借助个人和集体思考相结合来启发思想的方法。该方法能有效地培养发散思维，发展创造潜能。网络环境下的学习符合这一教育思想。因为网络课程是一个开放系统，学习者的生活背景和思维模式存在很大差异，会产生不同的意见、想法和观点，在网络课程学习中，通过不同想法的交流，学生可随时得到新奇思想的激发，从而产生新思想。网络课程的超媒体链接方式，使学生可以根据自己的兴趣发挥想象，在网络的海洋中"航行"，这有利于培养学生的想象能力和创新思维。生物化学网络课程还能激发学生的直觉思维、形象思维和逻辑思维，这也是实现创造性思维的重要过程。根据戴尔的"经验之塔"经典理论，网络课程的信息是介于"有目的的直接活动"和"以符号传递经验的抽象"之间，既有利于培养学生的形象思维，又有利于培养学生的抽象思维，使学生的各种思维能力都得到提高。网络环境仿真生成的虚拟现实，学生能感知和操作虚拟世界的各种对象，锻炼运用计算机和网络搜集、选择、处理、交流、开发信息的基本能力。帮助学生掌握和应用计算机网络技术，提高查阅、获取、处理生物化学信息和解决与生物化学有关问题的能力，有利于激励学生学习与研究的积极性。让学生参与网络课程，如开展小发明、小创造、小设计、小制作，从而培养学生的动手能力及创新方法。

为了更好地发挥网络课程培养创新人才的功能，还应注意课程内容的设计。在生物化学网络课程的开发中，要注意精心设计教学内容，以利于培养学生的创新意识与创造性思维能力，将网络课程的优势充分展现出来。如"维生素E的作用"的一个知识点是抗氧化作用。教材只提到了"它可使细胞膜上的不饱和脂肪酸免于氧化破坏。因而它可防止红细胞破裂溶血，而延长红细胞的寿命"。而生物化学网络课程除了有这方面的介绍，还做了以下设计：自由基能破坏细胞膜，具体作用机理是什么？它从哪里来？经常吸烟的人肺部细胞维生素E的含量为什么会低？维生素E的含量低可能会导致什么样的疾病？这些内容设计引导学生进行探讨，提出假设，从而培养其创新思维。为了帮助学生对这一重要知识的理解，还可以设计一个动画以充分展示知识的内涵，培养学生获取知识的能力。

（五）网络课程更易于体现科学的美

网络课程本身的链接方式，实现了富有美感的情景创设，使学生能感受到网络课程形式的美。科学美和艺术美都是自然美的一种反映。根据黑格尔的美学分析，美只能通过具体的形式体现出来，事物外在形式的美是一种感性的美。科学美具有新奇性、逻辑性、层次性与相对性的特性，在内在形式上体现不同层次的和谐、奇异、简单和对称的审美特性，这构成了科学美的审美标准。生物化学中的科学美通过网络课程能更好地得到体现。如"搭架式"细胞膜结构，它是细胞膜流动镶嵌结构的三维动态模型，该模型能帮助学生构建细胞膜的概念框架。细胞膜知识点包含细胞膜位置、物质通过细胞膜的方式、细胞膜的成分等。通过三维模型，我们除了能观察到细胞膜以及里面镶嵌的成分在运动外，还能看到许多小分子在细胞膜的内外穿梭，非常美观，学生学习知识的同时，也能感受到科学美。再如一些酶和蛋白质等的三维空间结构，传统的教材是无法和网络课程相比的。学生通过网络课程学习时能感受到微观世界的神奇与奥妙，从而较好地培养学生的科学美感。心理学研究表明：抑郁的情感会使大脑神经兴奋性降低，思路阻塞；而在情感愉快的状态下，人的思路开阔、思维敏捷、联想丰富。爱因斯坦曾经指出："想象力比知识还重要，因为知识是有限的，而想象力概括着世界上的一切，推动着社会进步，并且是知识进化的源泉。"美感是通过想象活动来进行和实现的，想象是感知、情感和理解的载体和展现形式。生物化学网络课程里面有许多图片和动画能模拟生命物质的运动形式，能激发学生的科学美感，伴随着美感，学习者不再视学习为沉重的负担，学习成为主体内在强烈的渴求。

当代物理大师狄拉克说："如果必须在美和实验之中选择的话，我将选择美。"审美直觉是美感的一种特殊心理形式，是心灵中的"智力图像"与客体和谐一致引发的强烈共鸣，这种特殊的审美能直接洞察事物的本质。灵感作为美感的特殊心理形式，更能强烈、突出地体现美感的直觉性特点，是美感的极致。

（六）网络课程更有利于加强 STS 教育

STS，即科学（Science）、技术（Technology）、社会（Society），通常被理解为在技术和社会环境的可靠范围内教授科学内容。世界上各国对 STS 教育都很重视，特别在理科教育中。英国有 100 所以上大学阶段的学院教授 STS 课程。网络课程学习有利于促进 STS 教育开展，有下列理由：①STS 教育的目的明确要求让学生灵活运用科学知识与科学方法去探究更广阔、更深奥的知识，发展自主学习科学、解决实际问题的能力，以及交流传达信息的能力（英国教育部门提出）。这正是网络课程的优势。STS 教育的目的中也要求学生要利用科学改进他们的生活，跟上一个日益变化的技术世界。作为信息媒体的网络课程较传统的教材更新速度快，使学生学的知识紧跟时代的发展，加速学生知识结构的更新，从而有益于社会和人类本身。②STS 教育课程的内容选择上主要是与科学、技术密切相关的社会问题或议题。网络课程是一个提供知识的"超市"，有丰富的 STS 知识内容可渗透到学科中。③STS 教育在学习方式上注重多样化的学习方式，注重研讨、合作、调查和交流。学生可以通过网络课程设计的"协商交流系统"（如实时讲座、分组讨论、协作式解决问题、探索式解决问题等）加强 STS 教育。

（七）网络课程有利于培养学生的信息素养

1989 年，美国信息素养总统委员会在其总结报告中正式给信息素养下了定义："要成为一个有信息素养的人，必须能够确定何时需要信息，并且具有检索、评价和有效使用所需信息的能力。"信息素养不仅已成为当前评价人才综合素质的一项重要指标，而且成为信息时代每个社会成员的基本生存能力，尽快将其纳入从小学到大学各学科教学、科研、管理等各项工作中，将会有力推动学校教育思想、教学目标、内容、方式、评价等各个环节的全面变革。信息素养的构成包括以下方面。

（1）信息意识与信息伦理道德。信息意识是人们在信息活动中产生的认识、观念和需求的总和。信息意识要求人们能认识到信息在信息时代的重要作用，确立在信息时代尊重知识、终生学习、勇于创新的一些新的概念，对信息有积极的内在需求。每个人除了自身有对信息的需求外，还应善于将社会对个人的要求自觉地转化为个人内在的信息需求，这样才能适应社会发展的需要，具有对信息的敏感性和洞察力，才能迅速有效地发现并掌握有价值的信息，并善于看上去微不足道、毫无价值的信息中发现信息的隐含意义和价值，善于识别信息的真伪，善于将信息现象与实际工作、生活学习迅速联系起来，善于从信息中找出解决问题的关键。

（2）信息知识。信息知识是指一切与信息有关的理论、知识和方法。信息知识是信息素养的重要组成部分，它包括以下方面：①传统文化素养。包括读、写、算的能力。进入信息时代之后，读、写、算方式产生了巨大的变革，被赋予了新的含义，信息素养是传统文化素养的延伸和拓展。②信息的基本知识。包括信息的理论知识，对信息、信息化的性质、信息化社会及其对人类影响的认识和理解，处理信息的方法与原则（如信息分析综合法、系统整体优化法等）。③现代信息技术知识。包括信息技术的原理（如计算机原理、网络原理等）、信息技术的作用、信息技术的发展及其未来等。

（3）信息能力。信息能力是指人们有效利用信息设备和信息资源获取信息、加工处理信息以及创造新信息的能力。这就是终身学习能力，即信息时代重要的生存能力。它包括以下方面：①信息工具的使用能力。包括会使用文字处理工具，浏览器和搜索引擎、网页制作工具、电子邮件等。②获取、识别信息的能力。即个体根据自己特定的目的要求，运用科学的方法，采用多种方式，从外界信息载体中提取自己所需要的有用信息的能力。在信息时代，人们生活在信息的汪洋大海中，面临着无数的信息选择，需要有批判性的思维能力，根据自己的需要选择有价值的信息。③加工处理信息的能力。个体应具有根据特定的目的和需求，对所获取的信息进行整理、鉴别、筛选，提高信息的使用价值的能力。④创造、传递新信息的能力。获取信息是手段，而不是目的，个体应有在对所掌握的信息从新角度、深层次加工处理的基础上进行信息创新，从而产生新信息的能力。有了新创造的信息，还应通过各种渠道将其传递给他人，与他人交流、共享，从而促进更多的新知识、新思想产生。

生物化学网络课程让学生不局限于书本上的知识，还去查阅国内外最新生物化学动态，这一学习过程能很好地培养学生的信息素养。

（八）网络课程可完善生物化学课程远程教育资源，促进终身教育

终身学习是 21 世纪的生存概念，是对终身教育最准确和最深刻的阐释。终身教育大学应成为开放的大学，在空间上提供远距离的学习机会，在时间上提供在不同时间进行学习的机会。网络课程在这方面具有很强的优势。生物化学网络课程不仅对该专业的学生有用，而且可提供对生物化学课程有兴趣的社会公民提供网上学习资源。事实上，网络远程教育最大的商业"蛋糕"在于成人继续教育，对大多数已经工作的人而言，他们一方面希望能够再返回学校"充电"而弥补自身在工作中的不足，另一方面因为忙碌的工作而根本抽不出时间来进行正规学校教育。网络教育最初正是从成人教育开始的，目前美国成人教育占了网络教育近 50% 的份额，因为成人继续教育更好地发挥了网络教育的优点，促进了终身教育的发展。

第三节   生物化学专业实践教学的网络课程构建

生物化学网络课程采用的是模块化的组合方式来组合教学内容，用户可结合自身的需求，确定自己所需的学习材料，也可在教师的帮助下，按自己的意愿组合模块，并使它们之间产生新的结构和联系。这种组合以知识体系单元为结构

单位，在每一单元划分若干知识点，整个课程是一个网状组织结构。网状组织结构是一个有向图结构，它类似于人类的联系记忆结构，采用一种非线性的网络结构组织块状信息。网状组织结构中信息块的排列不是按单一、固定的顺序，每一个信息块都包含多个不同的选择，可由学生根据自己的需要来选择学习顺序。

一、生物化学专业网络课程的模块结构和功能

1. "教学内容"模块

该模块以层次方式组织教学内容，方便学生按各自的基础、兴趣、能力有选择地进行学习，满足学生的不同需求。生物化学网络课程在第一层应呈现学生必须掌握的基本内容；第二层为扩展内容，帮助加深对基本内容的理解，通过丰富的图片、模拟动画等方式解决生物化学课程学习内容中的重点、难点问题，加深学生对学习内容的理解，丰富学生感性认识；第三层为课外知识，旨在扩大学生的知识面，供有兴趣的学生学习。第三层可列出一些相关文章，让学生及时了解生物化学课程的最新理论、研究的最新动态，除了为学生把学到的知识运用到实际工作中提供很好的指导外，还列出一些与课程有关的网站，营造一种开放的学习环境，扩展学习内容，有利于学生学习能力的培养。在主界面点击"教学内容"模块，可进入该模块的界面，该界面包括"总论"和"习题测试"。"总论"包括对生物化学课程这门学科的总体介绍、适用对象和需要达到的教学目标。"习题测试"包含每一个单元精选的练习题和每一章结束后测试题，其形式包括是非题、单选题、多选题、填空题。学习者可根据自己的需要进行选择，达到巩固所学知识的目的。

2. "学习建议"模块

该模块能为学生学习网络课程提出建议、做出指引，帮助学生更好地学习。生物化学网络课程在"学习建议"模块中提出了学生学习本门课程的方法，要求学生围绕"中心议题"（多为与实际应用有关的问题，旨在为学生的学习提供线索）进行学习，力求在解决问题的过程中掌握知识、加深理解。

3. "导航"模块

导航模块介绍网络课程教学内容各个模块的内容，让学习者对本网络课程有个总体的认识。由于学习者在网络课程的学习过程中以自主学习为主，缺乏教师的指导，易产生"迷航"现象，因此，清晰明确的导航在网络课程设计中显得尤为重要。从建构主义的立场来看，学习导航是一种典型的学习支架，这种支架在学习之初是完全必要的，当学习者逐渐熟悉了这种学习环境，并能合

理组织自己的学习活动后，就应该帮助学习者将外部的要求内化为学习技能，并逐渐减少直至撤去支架。导航采用超媒体（Hypermedia）的网状结构，即超文本（Hypertext）与多媒体相结合的信息组织结构，通过节点连接成信息网络。

4. 协商交流系统（教学活动）

协商交流系统包括电子邮件、电子公告牌、教师信箱、实时讲座、协作解决问题、探索式解决问题、讨论室（分组讨论）、疑难解答等。

5. 学生档案系统

学生档案系统包括学生密码、个人账号、个人特征资料、其他相关资料等。

二、生物化学专业网络课程知识单元结构和学习功能

网络课程知识单元的内容均以网页的形式显示出来，并通过图形和动画辅助理解。首先梳理各单元的知识结构体系，其次以动画形式对知识单元中的反应过程进行标识，然后通过课外知识模块进行知识延伸，最后与其他模块进行连接，形成完整的课程。例如在"DNA 结构"一节，为了加深对 DNA 二级结构的认识，学生可以进入"扩展层"学习。"扩展层"模块的学习内容包含两个方面。①为学生补充知识：在嘧啶和嘌呤分子中，碳原子和氮原子交替排列且存在电负性差异，因而有环电流产生，而且两碱基平面的环电流方向刚好相反，就像磁铁一样互相吸引，有利于碱基精密配对，进一步稳定了 DNA 双螺旋结构。因为学生有较好的化学背景知识和物理知识，这一点是易于接受的。②要说明 B–DNA 是最稳定的构象，是细胞内 DNA 存在的主要形式，同时补充 DNA 二级结构其他构象如 A–DNA、Z–DNA 的存在及它们的差异。一些有兴趣的同学若要继续学习，可在"课外知识"模块寻找答案，"课外知识"模块又包含两个模块，即 DNA 知识"相关网站""论文研究"模块，可找到 DNA 其他信息的相关资料。这一模块的内容可以随时更新，为了提高网络课程质量，需要寻找更丰富的资料将其完善。

生物化学网络课程更易于提供个性化的学习风格，适合应用探索学习模式、协作学习模式、讨论学习模式和个别辅导模式，能更充分地发挥网络的优势、特殊的教学效果和学生的主体作用，能让学生主动发现问题，主动收集、分析有关信息和资料，自主建构对知识意义的理解。

第四节　生物化学网络课程的设计与评价

一、生物化学网络课程的设计

（一）明确教学目标

生物化学网络课程，首先要分析教学的主要对象——理科学生及相同层次的成人教育学生的需求，选用与学生年龄特征相符的组织策略，了解学习者的学习能力，分析学习者的知识背景，调查学习者的学习环境，从而明确网络课程的教学目标。收集、选择或创作与教学目标及教学内容相适应的资源素材，明确需要使用图表、图片、动画等呈现的视觉化内容课程，结合教学大纲，根据教学内容的要求确立相应的教学内容，将教学内容分解为相应独立的知识结构，设计教学流程图，详细规划文字脚本。

（二）开发教学素材

生物化学课程素材资源建设应有一定的技术规范，并符合教育心理学原理。课程资源建设是网络课程建设的核心，课程资源具有基元性、可积性、开放性、创造性、先进性、使用性、科学性和教育适用性。课程资源建设的好坏，决定了一个学校优质教学资源的作用能否充分发挥。生物化学课程资源主要包括素材库、教材库、题库等，范围很广，下面重点介绍图形和动画类素材的开发。

生物化学课程素材资源建设应遵守一定的技术规范，使用高分辨率的图像会增加网络传输负担，进行素材选择时要考虑传输网络的带宽、浏览器的支持、学员可容忍等待时间等因素。总之，图形动画等视频图像建设应该采取最佳化方案。既要防止图像下载时间过长，影响学习效果，又要防止演示性图形的分辨率过低和色彩失真。教材内容选择是非常重要的一个环节，它对整个课程的成败起着关键作用。在选择内容时要遵守相应的技术条款，要抓住生物化学课程的重点、难点，尤其是用其他方法不容易讲清楚而采用多媒体课件则容易讲清楚的部分，从而充分体现多媒体的优势。所有学科的网络题库应遵守经典测量的理论指导，试题组织必须以学科知识点为依据，建设题库之前，必须首先确定学科的知识点结构。我们在编写试题库必须遵守这一原则。我们还应重视"网络课程素材的制作既不同于普通的计算机程序设计，也不同于对教材的简单翻版，而是受多种学习理论综合制约的过程，特别是已经在教育学、心理学中获得成功的一些理论和方法"。只有真正吃透和把握多媒体课程所包含的教学思想，才能站在一定的理论高度，驾驭网络课程素材的制作。

生物化学课程有许多反应方程式需要展示，通常是在 ChemWindow 软件中制作完成后，通过屏幕拷贝制作成图形，再通过 Fireworks 进行美化。而公式和表格是在 Microsoft Word 软件中制作完成后，按前面方法进行处理。大量的文本可在 Microsoft Word 中处理后，拷贝到 Dreamweaver 中，通过执行 Text/Paragraph Format/Preformatted Text（文本段落格式 / 预先格式文本）进行调整。

生物化学课程图片来源比较丰富，可手工绘制，但限于绘画水平，通常对已有图片资源进行扫描，将图片或文字转化为数据，再用电脑进一步处理。目前的扫描仪以光学分辨率作为分类的主要依据，粗浅的划分以 600 ppi、1 200 ppi 为分界点，600 ppi 以下的为低价产品，600 ppi 至 1 200 ppi 为中价产品，1 200 ppi 以上为高价产品。ppi（Pixels Per Inch）是影像分割的细致程度，表示每英寸使用多少像素点。数字愈大，表示在相同长度内划分的单元愈多、愈细小，影像自然会更细致。扫描的基本过程是打开扫描仪的电源，让扫描仪内的灯管达到稳定状态，通常需 10~15 分钟，置入稿件，启动扫描界面，通过扫描会完成校色、明亮对比等自动调校的相关程序，然后设定扫描参数，扫描时要注意色彩和像素点的调整。扫描默认的输出格式为 bmp，为了利于在网上运行，通常用 jpeg 格式保存图片，其压缩率最高可达 90% 以上，失真度较少，最后在 Fireworks 中处理图片并以 gif 格式保存。要正确使用 Fireworks 中的工具，如选择工具、图像工具，选择所需要的部分，擦去不需要的部分，然后进行颜色填充，这样填充的颜色将会是矢量图，放大后不会失真。位图对象常常需要进行部分编辑，这时就需要选取图形的一部分。使用矩形选取工具或椭圆形选取工具在位图上拖动就可以选取部分区域，当然首先位图需要处于编辑状态。魔术棒工具的功能比较特别，它是根据图像颜色来选取区域的，可以选取颜色相近的区域。

生物化学课程的动画制作通常是将收集的图像用 Fireworks 软件处理，使颜色更加悦目，然后用 Flash 软件制作成动画。对于色彩不丰富的图像，可通过 Flash 菜单命令 Modify/Trace Bitmap（修改 / 描绘位图）将获取的图像（位图）转化为矢量图，因为矢量图可以做到真正的无限放大，无论用户的浏览器窗口如何变大，图像始终可以完全显示，并不会降低画面质量。然后在 Flash 软件中制作动画，也可直接在 Fireworks 软件中通过 Frame(帧) 面板制作成 gif 动画，以 animated gif 格式输出保存。例如，在"底物浓度对酶反应速度的影响"这一小节中，将曲线变化制作成 gif 动画，经处理后的图形既形象又生动，可引起学生对曲线某一段变化过程的注意，从而加深对这一过程的理解。为了加深学生对生化反应过程中某些基团变化的观察，更好地理解化学反应的本质，也可以使用这一方法。例如，"氨基酸的两性解离"一节，将变化的基团制作成 gif 动画，加深学生对这一知识点的认识。总之，gif 动画的普遍使用已成为生物化学网络课程的一个特点。而 gif 动画本身制作简单，容易在网上运行，也为我们的开发大开便捷之门。此外，本身有移动、比例有变化或透明度有变化的图片均可按此方法处理。

对于色彩丰富、运动过程比较复杂的动画，通常是将扫描图片 Modify/Break Apart（修改 / 打碎），然后取需要的部分制作成 Symbol 动画，并配合Flash 中矢量图绘制工具完成复杂的动画制作。

（三）生物化学网络课程的结构设计

在设计生物化学网络课程的结构时，要十分注重课程功能的研究，以体现教学内容的层次关系，有利于实现个别化教学，有利于培养学习者的发散性思维。根据《现代远程教育资源建设技术规范》的条款，"模块的组织结构应具有开放性和可扩充性，课程结构应为动态层次结构，而且要建立起相关知识点间的关联"。功能结构的设计，要依据学习者的需要，设置各种助学方式，方便学习者的学习。其设计具体过程：根据教学内容间的结构关系确立课程的框架结构及桌面结构；设计与每一个知识点相对应的教学策略；确立与一定的学习类型相适应的网络应用技术；设计由学习者控制的交互类型与反馈方式；运用 DreamWeaver 网页开发工具，根据生物化学课程的特点确定网络课程的主要教学模块，建立模块之间的关系，从而形成网络课程的系统结构。其方法为在资源管理器中新建站点文件夹，在 DreamWeaver 中确定站点。页面设计（用层或表格定位）将每一教学模块划分成若干个栏目，并规划好它们在页面上的具体位置。页面设计是网络课程制作过程中要潜心研究的一项内容和认真对待的重要环节，合理的页面设计不仅可以增强生物化学网络课程的艺术品位（形式美），同时也会提高授课效率。页面艺术风格的选择与构思是一个复杂的思维过程，包括许多方面的内容，如颜色的运用、汉字字体的选用、图形的配合使用。颜色种类很多，不能毫无目的任意拼凑，而要注意它们的属性和图形之间的联系，特别要注意同类色、近似色的关系，善于对某色、同类色和近似色的重复使用、连续使用，以形成一种基本色调。这种基本色调在视觉上给人以稳定自然的效果，在情调上给人以和谐一致的感觉。如对页面底色（背景）的设置（选择），应讲究基调，展现同一课题或同一内容的屏面，底色要相对稳定一致，最好不要换来换去，以免读者的认知受到因色感转移带来的不良影响（误认为内容有变化）。但若课程内容篇幅长，或其中分立内容有明显差别，页面底色应该调整变化，不然视觉会感到乏味和劳累，或不能引起新的注意。将需要的图形动画等资源调入网页。详细说明每一屏幕的呈现方式和链接关系。完成相应的其他模块的建立与联系，并做好交互与导航。通过上面提到的技术手段完成生物化学网络课程的其他功能（生物化学网络课程其他功能的完成将是一个系统的工程，还需进一步研究）。

制作好的生物化学网络课程需经教学试验进行评价修改。其方法为在小范围内试用运行，了解资源软件的运行情况，测试、调查学习者的使用效果，听取专家和学生的反馈意见，根据运行的反馈信息进行调整和修改。

二、生物化学网络课程的评价

尽管课程的形式发生了变化，但课程的实质并没有发生变化，和传统的课程一样，也应该进行课程评价。课程评价，就是通过对教学目标、内容、方法等具体的教育实践的分析，揭示教育的程度所具有的价值与效果，为课程开发提供有效的信息。网络课程评价内容在设计上与传统课程应有区别，因此，设计开发出网络课程设计的评价项目（表4-1）作为网络课程评价的参考依据。

表4-1　网络课程设计的评价项目

评价项目		检查内容
教学内容设计	教学内容的科学性 教学内容与教学目标 教学内容与学习者 教学内容的结	检查呈现的教学内容正确与否 检查选择的教学内容是否适合相应的教学目标 检查教学构件设计与教学目标的匹配情况 检查教学内容是否适合学习者需求 检查教学内容组织的连续性、序列性和整合性 检查教学内容的结构关系是否正确 检查教学内容与不同图式的匹配关系适应与否 检查设置的学习练习及测试的应用结构

续　表

评价项目		检查内容
框架结构设计	框架结构的动态性 框架结构的灵活性 框架结构的组织性	检查框架结构的动态浏览途径 检查框面的分屏使用情况 检查框架结构中各种链接关系的应用情况 检查链接、跳转、返回、向导、帮助等便捷工具的使用情况 检查框面设计风格是否统一、协调 检查概念结构间的组织关系是否清晰明白 试验是否可以允许学习者进行信息内容的再组织 检查是否为学习者提供了比较与对照的机会
教学构件设计	教学构件的科学性 教学构件的灵活性 教学构件的审美设计	检查教学构件是否科学合理 检查教学构件是否与内容结构相匹配 检查教学构件之间的链接关系 检查教学构件是否可以重组 检查图像图式是否可以进行重新调整 检查学习用 BBS 或聊天室的运行情况 检查教学构件运行的构图、造型及色彩运行情况 检查动画及视频图像等动感构件的运动表现过程
用户界面设计	用户界面设计的交互性 用户界面的设计风格 用户界面的链接结构	检查可供学习者控制的交互类型及交互方式 检查撤销与恢复操作的可能性 检查屏面移动的可能性 检查反馈指导及帮助工具的有效性 试验进行信息交流或学习合作的可能性 检查界面的行列分区及内容设置 检查界面的色彩、高亮区域设置及构件呈现方式 检查文本及背景等色彩运用是否统一协调 检查教学内容间的链接关系是否清晰明了 检查各种构件间的链接结构 检查与其他网站的链接应用

　　生物化学网络课程的开发具有重要的现实意义，能促进生物化学专业学习资源的建设，改善生物化学课程难学难教的教学现状，提高学生学习的热情，有利于培养学生多方面的能力并促进学生个性的发展。对传播科学知识、提高公民的科学文化素质、促进终身学习来说，也是难得的学习资源。

　　一门完整的网络课程的开发，无论是教学内容还是网络教学支撑环境，都需要多方面的人才协作完成。课程的开发与利用本身就是一项极具创造性的实践活动，应在统一的技术规范指导下，发挥地域优势，强化学校特色，区分学科特性，展示教师风格，扬长避短，突出个性。网络课程开发的实践也应充分体现这一要求。在网络课程的开发中，必须应用教育心理学原理，分析学习者的特征，尽可能克服网络课程学习的不足，如网络中反复尝试操作本身直接指向学习而不是思维加工的过程，这将导致学习者过分重视结果本身而忽略过程的乐趣。同时，同一操作的多次出现也可导致精确完成任务的动机降低，不利于严谨认真学习态度的形成。其次，当使用网络课程进行学习时，学生面对的是一个毫无感情的物体，还存在师生分离、生生分离带来缺乏情感交流的弊端，如何赋予这些客观物质以丰富的情感交流能力，也对网络课程建设提出了较高的技术要求。但是，我们应该深信网络课程的开发，利远远大于弊。如果我们将学科特点、教育技术、教育心理学原理很好地结合起来，对网络课程进行开发，网络课程的优势就会越来越明显。

第五章　生物化学专业实践教学的在线开放课程建设

　　本章在第四章的基础上，继续探索信息时代借助网络工具发展生物化学专业实践教学的有效方法。大型开放式网络课程（Massive Open Online Courses，MOOC）平台集合了诸多名校的公开课，平台课程的视频和教学活动专门面向网络制作，顶级课程再加上顶级制作，课程质量和水平非常高，并且完全免费，因此受到了热捧。自 2012 年在美国几所顶级名校中出现，迅速蔓延到全世界。小规模限制性在线课程（Small Private Online Courses，SPOC）采用混合式教学，实现 MOOC 和传统校园课堂教学的结合，有效地弥补了 MOOC 的短板。北大、清华等一些国内高校，近年来已经开始在实体校园内开展 SPOC 实践。

　　本章以生物化学专业实践教学体系建设为契机，对基于 MOOC/SPOC 平台的生物化学专业实践教学模式进行分析，探索高校内生物化学专业实践教学与网络工具有效结合的实施方法。主要研究探讨了 MOOC 与 SPOC 两种在线开放课程的出现、发展、意义与设计和开发，并在此基础上对生物化学专业实践教学与在线开放课程建设的融合与发展进行分析和探索。

第一节　生物化学专业在线开放课程建设概述

一、MOOC/SPOC 在线开放课程概述

（一）MOOC 与 SPOC 的出现与发展

　　美国几所顶尖名校在 2012 年最先推出了三大 MOOC 平台：coursera、edX 和 Udacity。由于首批上线的课程都是名校的公开课，课程的视频和教学活动专门面向网络制作，课程质量和水平较高，并且完全免费，因此受到了热捧。随即，MOOC 浪潮从美国蔓延到了全世界，欧洲较有特色的 MOOC 平台有德国的 iversity、英国的 FutureLearn，澳大利亚有 Open2Study。我国较为著名的 MOOC

平台有学堂在线、爱课程、中国大学 MOOC、ewantMOOC 学院等。

SPOC 概念由加州大学伯克利分校阿曼多·福克斯（Armando Fox）提出，是一种将 MOOC 资源用于小规模、特定人群的教学解决方案，其基本形式是在传统校园课堂采用 MOOC 的讲座视频或在线评价等功能辅助课堂教学。北大、清华等一些国内高校，近年也开始在实体校园内开展 SPOC 实践。

（二）MOOC 与 SPOC 的区别

MOOC 与 SPOC 之间的区别主要表现在办学宗旨、办学体系架构、教师和学生的角色、学习活动、学习资源、学习评价、学习支持服务八个方面。

（1）选课人数、收费模式：MOOC 为大规模，面向全球学习者，多为免费模式；SPOC 为小规模，面向在校注册学生，为收费模式。

（2）教育效率、可持续性：MOOC 教育效率很高，解决了优质学习资源在全球范围内的普及问题，但课程制作成本高，盈利模式目前仍不明确，可持续性略低；SPOC 收费形式导致只能惠及少数人，教育的社会责任感和教育效率不如 MOOC，但其可持续性高。

（3）教学互动性：MOOC 是教学的全过程都在线上；SPOC 是线上和线下相结合。通常校内教师在开设 SPOC 时，挑选一门 MOOC 的视频、资料、在线作业、测验等教学资源，让学生先自行在线学习，然后在课堂上进行面对面的讨论、答疑、实验等，最后是线下期末考试环节，至此，整个课程完成。MOOC 比纯单向的视频授课要更为重视教学过程中的互动，通常采用跟随课件的讨论、虚拟实验台等手段，学习者不完全是被动接受，也能动手参与并得到反馈。但是，在 MOOC 中，学生基本还是以独立自主学习为主，即便有讨论区，也只是部分活跃的学生能够获得较多的交互，而且提问后获得解答的效率总不如线上直接询问教师。尤其是学生数量大大攀升、师生比大大降低、学习者跨时区和地域的特点，给 MOOC 讨论区如何满足学生需求带来了更加严峻的挑战。因此，在 MOOC 中，就学生总体而言，还是缺乏足够的教学交互。而 SPOC 有线上的讨论和答疑，并且学生在课前都已预习过 MOOC 视频资源，因此有更多的课堂时间可被留出用于师生互动。

（4）教学适应性（因材施教）：在向大规模的人群提供无差异的教育教学服务过程中，如何能实现因材施教，这是 MOOC 在近几年发展中面临的一个重大挑战。MOOC 由于学生人数多，且来自广泛的地区，学生差异分布明显比 SPOC 高得多，因此要达成良好的授课效果，难度大得多。而 SPOC 面向的是校内学生，通过入学考试、分班等方式对学生进行了筛选和细分，学生同质性较强，再加上学生人数较少，教师可完全洞悉学生的各方面信息，如前续课程成绩、个性、优缺点、学习方式等，可以实现老师完全介入学生的学习过程，包括与学生之间的充分交流答疑和讨论，甚至根据学生不同的学习基础，在课堂上对某些关键知识点主动要求部分学生做一些特殊的思考，做些面对面的"补课"。

（5）对学生的约束力：MOOC 对学生的约束力较低，上课完成率总体只有5%，这一定程度上与教室环境因素已被彻底改变有关。在 MOOC 中，学生失去了教室环境的制约力。

（6）开课不适合的领域：MOOC 不适合实验实践类课程，在这点上有其天然的不足。

（7）考试客观性：在线考试的技术本身是非常简单的，TOFEL、驾考等都进行了很多年，但那些都是封闭式的"机考"。而 MOOC 采用的是开放式的互联网考试，在身份验证上就存在困难，尽管 coursera 曾做过一些尝试，例如，通过打字习惯和摄像头相结合来判断是否有"替考"，但总归操作性不强，这也是直接导致 MOOC 课程证书含金量不足的一个原因。而 SPOC 由于面对的是校园内注册学生，因此可以线下考试。

（8）教学模式的自由度：SPOC 教学模式和内容可以是 MOOC 的超集。也就是说，教师既开设了 MOOC，又对校园内一小部分学生施行了 SPOC 形式，要求后者在选修 MOOC 的同时，通过其他渠道如线上的在线讨论实现 SPOC，即"SPOC=MOOC Classroom"。这种混合式教学，通常包含"翻转课堂"方式，适用面很广泛。

二、国内外在线课程发展现状与未来趋势

2012 年 MOOC 三大平台——coursera、Udactity 和 edX 相继成立。2013 年，新加坡国立大学与美国 coursera 合作，创建 MOOC 平台。随后，50 多所世界名校相继加入 coursera 平台。《纽约时报》将这一年称为"MOOC 元年"。2015 年，尹睿等对三大平台上的 130 门在线开放课程进行了分析，包括其课程内容、课程资源、课程实施及课程评价方面。近年来国内外在线开放课程建设领域关于 MOOC 研究的侧重点集中体现在以下几个方面。

（一）美国以 SPOC 深入在线开放课程为主的课程建设模式

自 2013 年 SPOC 概念被提出，哈佛大学、加州伯克利分校、MIT 等高校就进行了 SPOC 教学试验。SPOC 具体的实施环节包括以下几个方面：对 MOOC

平台进行改进升级，例如增加小班管理、小组学习等功能；增加线上课程数据分析模块的内容，各高校采用小班组织为教学单位，尝试增加对学生成绩、学习行为等多方面的记录；实现对学生全过程个性化学习的在线辅导和"面对面"辅导。如图 5-1 所示，基于 SPOC 平台的深入在线开放课程建设模式是目前美国 MOOC 发展的重点。

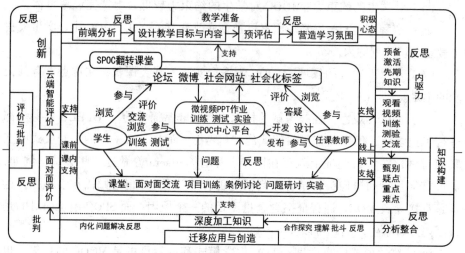

图 5-1　基于 SPOC 平台的深入在线开放课程建设模式

正如 Armando Fox 教授所说，SPOC 是传统课堂与 MOOC 相互交融的产物，可以有效加强教师对课程的掌控、增加学生的通过率、掌握课程进度以及提高学生对课程的参与度。

值得提出的是，使用如 MIT、斯坦福大学和加州大学伯克利分校等研发的 MOOC 平台，统计得出学习者辍学率达 90%，由此可见，MOOC 完成率很低，引发对课程质量的讨论。分析其原因，在线课程的质量确实是影响完成率的主要因素之一。因此建立健全大规模在线课程的质量保证体系将直接影响 MOOC 建设质量，也可直接指导 MOOC 的顺利开发与运行，从而提高课程质量建设，促进学习者有效学习。

（二）欧盟基于 SPOC 平台的线下"翻转课堂"和基于 MOOC 平台质量保障体系的在线课程建设模式

欧盟委员会认为北美现实行的 MOOC 并不完全适用于欧洲的教育，并重新研发与启用了 MOOC 的欧洲模式（Higher Education Online：MOOCs the European Way HOME），并将 MOOC 的欧洲模式定义为"为大量参与者设计的在线课程"，符合"大规模""在线""开放""课程"这四个主要特点，免费提供全部的、完整的课程体验过程，任何人随时随地都可接入互联网访问，不需要入学资格。虽然该特色似乎坚持了 MOOC 最初的"大规模""在线""开放""课程"，但是在各个维度增添了许多新的内涵。以线下"翻转课堂"的课程建设模式为依托，有效辅助专业课程教学是当前欧盟各大高校迅猛发展的重点。SPOC 平台构成与运行流程类似于 MOOC 平台，不仅是网络课堂与实体课堂的有机结合，而且也具有完整的"翻转课堂"教学流程，它可分为"线上课前教学"与"线下课内教学"两个阶段。SPOC "翻转课堂"的具体教学流程如图 5-2 中最里层的实线框所示。

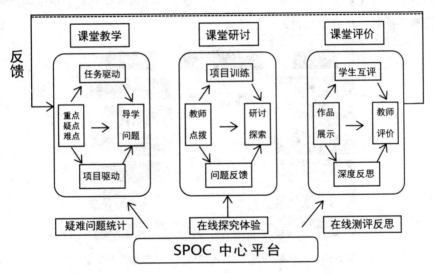

图 5-2 基于 SPOC 平台的"翻转课堂"与在线开放课程相结合的欧洲在线课程建设模式

此外，欧洲 MOOC 的发展相较于美国 MOOC 的发展并不算快，但随着欧洲一体化进程的不断加快，欧洲诸学者相继提出多种 MOOC 融合的教育质量保障评价体系，欧洲 MOOC 质量保障评价体系目前处于国际领先水平。欧洲远程教育大学联合会实行的开放教育质量评价，该评价方法适用于该高校对其"机构层面"与"课程层面"实行的 MOOC 教育质量高低的自我评价。西班牙实行 MOOC 教育质量综合评价指标体系，主要针对 MOOC 学习过程中"学习方法""接纳性层级""虚拟课堂环境"及 MOOC 学习成效"就业认可"等各个方面的教育质量评价。德国实行的 MOOC 设计质量评价标准，能够提供一套较为完善的参照标准，主要针对 MOOC 的课程设计进行有效评价。图 5-3 是目前各国网络课程评价体系大致实施框架，虽然各评价体系的侧重点有所不同，但都为我国 MOOC 教育质量保障评价体系的构建提供良好的借鉴。

（三）亚洲地区基于 MOOC 平台的混合式在线课程建设模式

受美国影响，世界上大部分国家的高等教育机构在 2012 年后陆续建设 MOOC 平台，开设在线课程。2012 年 1 月，日本首个 MOOC 平台——School 问世，随后澳大利亚新南威尔士大学、韩国首尔大学、印度尼西亚大学、马来西亚泰莱大学等近百所高校参与专业课程 MOOC 建设。如图 5-3 所示，MOOC 的混搭式课程建设模式是目前亚洲高校在线开放课程建设的主流，MOOC 平台和课堂相结合的课程建设模式要求教师在合理利用 MOOC 资源的基础上，根据课程的自身特点设计出更为先进的课程建设模式，使学生在得到更好教学资源的同时，提高教学质量，最终获得良好的教学效果。

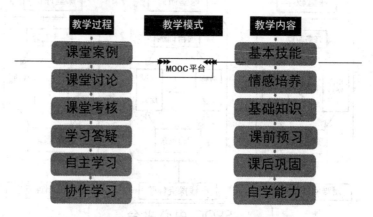

图 5-3　基于 MOOC 平台的混搭式在线课程建设模式

（四）国内基于 MOOC/SPOC 平台的高校 MOOC 初步发展模式

近年来，国内高校 MOOC 平台——上海高校课程共享中心、中国东西部高校课程共享联盟、中国高校 MOOC 联盟等初步建立与发展，校际和区域壁垒已打破。据统计，中国东西部高校课程共享联盟目前已接纳了 87 所国内知名高校，其中包括 24 所"985"高校，开设共享课程 30 门，2015 年共有 1 800 名学生完成在线所选课程。上海高校课程共享中心也将上线课程拓展至 22 门，超过 2 万名学生完成跨校选修。目前，MOOC 在我国呈现了良好的发展态势。MOOC 质量保证与其课程建设和运行中的各个环节密切相关。目前，针对 MOOC 在线课程开放、课程建设模式的研发、教学平台的构建及质量保障评价体系的研究处于起步阶段。关于在线开放课程平台质量保障体系搭建，仅美国、德国等少数国家有成文的 MOOC 教育质量保障评价方法，但不同制定机构的侧重点不同，很难进行平行比较。目前国内生物化学在线课程平台上，有典型代表性的课程为南京大学杨荣武教授的生物化学和北京大学昌增益教授生物化学原理课程，表 5-1 是对两者在线开放课程体系建设的比较分析。

表5-1　国内生物化学课程比较分析（以南京大学和北京大学为例）

一级目类	二级目类	三级目类	北京大学	南京大学
课程内容	价值取向	强调知识传授的 MOOC		√
		突出知识创造的 SPOC	√	
	实质结构	知识课程（以培养学科基础知识和基本技能为核心的课程）	√	√
		实践课程（以培养技术操作与实践能力为核心的课程）		
		情感课程（以培养审美情感与能力为核心的课程）		
		人格课程（以培养健全人格为核心的课程）		
		自我发展课程（以培养自我意识、元认知、学习策略等为核心的课程）		
	内容表征	10 min 以内的视频		
		10 min 以上的视频	√	√
课程资源	资源类型	课程视频	√	√
		PPT 课件	√	√
		试题资源	√	√
		文本资料	√	√
		参考文献（书目、期刊）	√	√
		学科类支持平台或资源		
		虚拟仿真实验		√
课程实施	课程导学	课程大纲	√	√
		课程重点、难点	√	√
		学习建议	√	√

续　表

一级目类	二级目类	三级目类		北京大学	南京大学
课程实施	教学形式		课堂实录	√	√
			实景授课		
			录屏讲解		
			动画演示		
			访谈对话	√	
			综合式	√	√
	在线交流		课程邮件		
			课程讨论区	√	√
			在线答疑	√	√
			社交网络		
课程评价	教学评价	诊断性评价	学习起点测定		
			学习起点测定 + 知识背景调研		
			学习起点测定 + 学习风格分析		
		形成性评价	平时作业（含实践作品）	√	√
			电子学档		
			期中测验或周测验	√	√
			视频内嵌测试		
			课中调查	√	√
			参与交流情况	√	√
课程评价	教学评价	终结性评价	期末考试	√	√
			项目实践		

续　表

一级目类	二级目类	三级目类	北京大学	南京大学
课程评价	质量认证	教师签名认证		
		证书认证	√	√
		学分转换		

三、生物化学专业在线开放课程开发和实施的重要意义

随着由互联网与高等教育结合形成的 MOOC 在世界高等教育领域的不断发展，2015 年，教育部出台了《教育部关于加强高等学校在线开放课程建设应用与管理的意见》，旨在推动我国大规模在线开放课程建设走具有中国特色社会主义可持续发展道路，为广大高校师生和社会大众提供更多优质的课程资源和学习服务平台。MOOC/SPOC 将为重点高校课程建设模式带来挑战，深入研究 MOOC/SPOC 混合教学的一般过程将有助于高校制定具有针对性的解决方案，同时使得高校内课程建设抢占教育资源优势的先机。SPOC 既推动了高校对外品牌效应的发展，也促进了高校的教学改革，提高了高校的教学质量。

我国高校通过对 MOOC 混合课程建设模式、教学方法、评价机制和保障体系等方面的研究，整合优质的线上教育资源和线下教师组织，通过面对面在线授课的方式，使学生有更好的学习体验，加深对知识点的掌握。与此同时，国内还尚未形成一套可作为标杆的 MOOC/SPOC 建设标准，目前大部分在线开放课程还处于自发和自觉的探索状态，课程建设质量难以得到保障，因此研制出一套科学合理的质量保障体系框架以及提出具体、可参照的做法迫在眉睫。

在教学资源建设上，普通高校始终无法与"211""985"高校相比，并且部分主干学科存在教学资源建设方案和教学资源应用等方面问题。生物化学课程是生物学科基础核心课程，是化学、农学、药学及医学等理工学科的交叉课程，其教学质量的好坏直接影响普通高校生物及相关理工学科的教育水平。生物类在线开放课程平台资源的搭建有利于高校形成自身的教学特色。

四、生物化学专业在线课程建设中存在的问题

自 2010 年国家对高校应用型人才培养越来越重视，各地高校都在积极建

设应用型培养模式。生物化学专业作为关系未来社会发展的应用型重点专业，已经成为各高校积极响应国家教育发展战略、大力推进教学改革的重要阵地。生物化学是理工学科中一门非常重要的专业基础课程，要求学生必须掌握本课程的基本概念、算法和技巧等，又具有理论性强、与实践结合紧密、方法技巧性高等特点，需要学生用心思考，用时练习。因此，采用现代教学技术，改革传统的教学方法，融合生物化学在线课程的学习，增强学生的自主选择性和能动性，调动学生的学习积极性，激发学习生物化学的兴趣就显得十分重要。

（1）教师过度依赖PPT课件，教学效果较差。伴随着教学辅助设施的不断优化与普及，绝大多数高校都已配备电教系统，使得教师从繁重的板书中解脱出来，在课堂上拥有讲授更多知识点的时间，也可发挥自身的各种优势将知识点讲授得更透彻。这种授课方式适应了目前高校内在线开放课程知识量大、学时有限、难度较深的特点。

生物化学是一门注重概念应用、知识点展示、学习方法掌握的课程。传统的生物化学课堂教学在很大程度上是幻灯片演示、视频展示的过程，即教师的大部分课堂时间被讲解课件所占用。生物化学课件都是精心准备的，质量高的课件虽然能充分展示教学内容和教学形式，但仍然与教师根据授课方法和思路现场书写板书存在较大差距，导致学生虽然记住了知识点、方法，却没有从课堂上真正学到具体解决问题的能力。

（2）重视基本概念的讲解，课下学生训练不足。由于课堂授课学时的限制，教师往往将精力放在基本概念的讲解，让学生在最短时间内有效地记忆。而在生物化学课程中，概念的理解有规律可循，概念的应用或解题方法却因结构形式的不同而变化多端，而且生物化学相关的试题与实际问题相关，尤其是重点高校的考研试题往往与科研结果相关。虽然绝大多数学生上课认真，概念都可以理解和熟记，但是做练习却无从下手，不能很好地举一反三。这使得他们在学习过程中产生很强的挫败感，导致对生物化学课程失去信心。

（3）教学过程师生互动不足，学生主体地位被忽略。目前课堂有限的教学时间被"填鸭"式的课堂讲授所占用，教师很难在第一时间发现并解决学生所遇到的问题是学生学习方法的养成往往受到教师教学方法的潜移默化，目前的教学模式使学生养成了被动学习的习惯，有的学生在学习之初就表现出畏难情绪，加上被动的学习方式和师生间缺乏恰当的交流，这样的教学忽略了学生在教学过程中的主体地位，使得教学效果变差。

（4）已有在线开放生物化学课程少，学习者可选择空间小。截至目前，在中国大学 MOOC——爱课程网上共 2 所高校开设生物化学开放在线课程，其一是南京大学杨荣武教授所开设的结构生物化学在线课程，其二是北京大学昌增益教授开设的生物化学原理在线课程；在中国大学资源共享课上共有 17 所高校开设生物化学，如南京大学杨荣武教授带领的团队、北京大学贾弘提教授带领的团队、武汉大学程汉华教授带领的团队等。上述高校均是"985"或"211"高校，其课程各具特色，讲授的内容都有所侧重，课程内容安排及讲课节奏对普通高校的学生而言有一定的难度。因此，开发适用于普通高校的生物化学开放在线课程已成为当务之急。

　　本章针对生物化学课程教学中存在的问题，基于 MOOC 的理念，借鉴"翻转课堂"的形式，以普通高校生物化学专业应用型人才培养目标为定位，按照学院分类培养的模式，整合、优化生物化学教学内容，搭建服务于学生的自主学习在线平台，开发在线课程的自主学习任务单和配套学习资源，试图从教学形式和教学组织上进行突破，调动学生的学习积极性，提高生物化学课程的教学效果。

　　综上所述，信息技术的发展不仅给传统教学模式带来机遇，同时也带来了挑战。开放在线课程以其先进的教育理念、灵活的教学模式，使学习者真正体会到个性化学习的满足，真正接触和体验自主选择和自主学习的课程，尤其是对在校生，使得他们拥有了前所未有的选择权、主动性和灵活度。开放在线课程得到了学习者的认同和教育工作者的高度关注，也是未来教育教学发展的一个必然趋势。因此，上述国内推广开放在线课程在高校人才培养过程中的应用存在的问题，恰恰说明了在高校内推广开放在线课程的必要性和重要性。

第二节　基于 MOOC/SPOC 的生物化学专业在线开放课程建设

一、生物化学在线课程建设的内容

（一）生物化学在线课程建设的具体内容

　　以教育部高等学校在线开放课程建设应用与管理要求为宗旨，以提升普通高校现代高等教育的质量和效率为目标，以生物化学专业课程建设为抓手，借助 MOOC/SPOC 在线开放课程教育平台，对生物化学专业课程的在线开放课程体系建设进行研究。生物化学在线课程建设的内容主要包括以下方面。

1. 对普通高校内生物化学在线开放课程建设中课程内容建设、网上课程资源开发、网上教学团队辅导与线下反馈保障情况进行系统分析

基于 MOOC/SPOC 在线开放课程平台，结合生物化学课程特点，从课程内容建设、网上课程资源开发、网上教学团队辅导、线下反馈保障四个方面，系统分析新形势下我国普通高校在生物化学专业在线开放课程建设方面的基本情况。表 5-2 展示的是生物化学课程整合前后在线开放课程内容建设章节目录与内容。

表5-2　生物化学在线课程教学内容整合前后对比

整合前	教学目的	整合后
结构生物化学（基础知识模块）		
1. 绪论	了解生物化学的研究对象、内容、研究方法等；掌握计算简图的简化原则和简化过程；理解结构上的荷载及其分类	模块 1
2. 蛋白质结构与功能	了解氨基酸，氨基酸类型，蛋白质一、二、三、四级结构等基本概念；掌握蛋白质结构与功能关系	模块 2
3. 核酸结构与功能	了解核糖核酸、脱氧核糖核酸、核苷等基本概念；熟练掌握核酸分类及性质	模块 3
4. 蛋白核酸的理化性质	掌握蛋白质、核酸的相关理化性质	模块 4
5. 酶的结构与功能	了解单纯酶、结合酶、全酶、辅酶与辅基、酶活性中心、酶的竞争性抑制、同工酶等基本概念；掌握酶的特性、作用机理及调节特点	模块 5
动态生物化学（专业基础模块）		
6. 糖代谢	了解糖的分解代谢；掌握糖酵解途径、三羧酸循环、磷酸戊糖途径、糖异生、乙醛酸循环等具体的过程	模块 6
7. 脂代谢	了解脂类的合成代谢和分解代谢；掌握脂肪动员、脂肪酸氧化、酮体的生成和利用	模块 7
8. 氨基酸代谢	了解蛋白质分解代谢；掌握脱氨基作用过程类型、氨的来源和去路；尿素的去路	模块 8
分子生物化学（专业特性模块）		

续　表

整合前	教学目的	整合后
9.DNA 的复制	理解遗传信息传递中心法则，DNA 的复制过程、原料；掌握真核生物和原核生物 DNA 复制的差别	模块 9
10.RNA 的转录	理解遗传信息传递中心法则，RNA 转录过程、原料，掌握真核生物和原核生物 RNA 转录的差别。	模块 10
11.蛋白质的翻译	掌握遗传密码的构成及特点。遗传密码的破译；密码的简并性与变偶假说：密码子的使用频率；起始密码子与终止密码子；遗传密码的突变；重叠密码。掌握原核生物和真核生物 RNA 的翻译过程。核糖体及 RNA 的结构；氨基酸的激活与氨酰 –tRNA 的合成；原核生物的蛋白质的生物合成；GTP 在蛋白质合成中的作用；真核生物的蛋白质的生物合成；蛋白质折叠与蛋白质生物合成中多肽链的修饰；蛋白质的易位与分泌	模块 11
12.生物膜稳定性	受体的概念、分类；受体的结构与功能、受体活性的调节及受体作用的；第二信使的概念；G 蛋白的结构与功能；膜受体介导的信息传递；胞内受体介导的信息传递	模块 12
13.复习总计考研答疑	机体能量利用的共同形式；合成代谢所需的还原当量；糖、脂和蛋白质代谢之间的相互联系；细胞内酶的隔离分布；关键酶的变构调节；酶的化学修饰调节；饥饿状态下的整体调节；应激状态下的整体调节	

通过对全国在线开放课程建设中教师、学习者、课程制作者、内容供应商的调查，调研生物类专业课程建设现状和需求现状情况，分析生物化学在线 MOOC/SPOC 课程中课程内容建设、网上课程资源开发、网上教学团队辅导和线下反馈保障四个方面，以及与目前普通高校发展部分专业课程在线开放课程平台存在的差距。

2. 普通高校生物化学在线开放课程体系的构建

在对普通高校生物化学在线开放课程建设的课程内容建设、网上课程资源开发、网上教学团队辅导和线下反馈保障分析结果的基础上，结合国家高等教育发展趋势及国际化办学标准的要求、现代社会对应用型生物化学专业人才的需求以及我国高校内生物化学专业发展现状，构建一个建设目标、两个培养主体、三种上线模式及四个课程模块于一体的"4-3-2-1"普通高校生物化学在线开放课程建设方案。

3.普通高校生物化学在线开放课程保障课程模式

普通高校生物化学在线开放课程体系创建后，需要有具体的操作模式和实施方案，从教师、学习者、课程制作者、内容供应商的角度对在线开放课程平台具体操作给出可行的保障体系，以协助制定方案，针对省内各高校对生物化学专业课程在线开放课程平台提出的具体操作意见和建议，最终形成完善的普通高校生物化学在线开放课程保障课程模式。

（二）生物化学在线课程建设目标

以搭建普通高校生物化学在线开放课程优质平台为总目标，以提高普通高校生物化学专业实践教学水平为宗旨，以增强生物专业人才综合素质水平为目的开展在线课程建设。具体目标：建立一套完整可行的生物化学专业在线开放课程体系，促使普通高校以生物化学为带动的在线开放课程体系与国家在线开放课程教育体系相一致，在线 MOOC/SPOC 课程与普通高校教育教学发展方向和人才培养需求相一致。

（三）生物化学在线课程建设过程中亟待解决的关键问题

基于 MOOC/SPOC 的普通高校生物化学课程在线开放课程体系综合改革研究，符合生物类专业课程体系建设的需求，满足高等教育下高等学校在线开放课程平台的搭建条件，在研究过程中需要解决以下关键问题。

（1）普通高校生物类专业在线开放课程平台建设中的课程内容建设、网上课程资源开发、网上教学团队辅导和线下反馈保障是课程模式的基础。完善的普通高校在线开放课程体系研究，需要掌握目前本专业在线开放课程建设的现状，强调课程建设的课程内容建设、网上课程资源开发、网上教学团队辅导和线下反馈保障并重，质量保障是普通高校在线开放课程建设的核心要素。

（2）全面保障和维护生物化学在线开放课程质量是普通高校生物化学在线开放课程模式的核心。保障和维护 MOOC/SPOC 在线开放课程质量是普通高校生物型专业课程建设的核心，是普通高校在线开放课程建设的重中之重。生物化学课程体系是生物学、化学、农学、药学和医学多学科的有机整合，又要注重达到专业水平的较高层次，同时要求对生物化学知识点细致掌握。

二、生物化学在线开放课程建设方案

（一）改革方案设计

普通高校生物化学专业在线开放课程建设中课程内容建设、网上课程资源开发、网上教学团队辅导和线下反馈保障等方面，都要体现"由泛到专，由粗到精"的培养过程。生物化学是一门交叉基础学科，具有"一杂"（机制复杂）、"二多"（概念多，内容多）、"三性"（规律性、理论性、系统性）的突出特点，所以，一般学生难以理解和记忆，普遍反映学习难度较大。在线开放课程体系是以基础生物化学课程为基础，体系内课程之间存在内在关系，是具有特定功能的课程群体，有着整体的教学要求，具有模块化的教学内容。设计生物化学在线开放课程体系，不仅要考虑到课程本身的衔接层次，还要与线上课程教学特色相融合，结合普通高校的生源特点。

（二）解决问题的方法

以普通高校生物化学专业核心课程线上开放课程模式为切入点，根据目前生物化学专业在线开放课程建设中课程内容建设、网上课程资源开发、网上教学团队辅导和线下反馈保障等方面的现状与高校在线开放课程建设的需求，将普通高校生物化学专业在线开放课程建设过程归纳为"一体、两翼、三驱动"的合作过程。

1. 四个课程模块

生物化学课程体系建立在普通高校生物类及相关专业课程设置的基础上，是专业基础课程之上的专业课程，按照生物化学课程体系层次，结合国内外同行在生物化学课程教学内容上的先进模式，将生物化学在线开放课程构建具体划分为四个阶段：基础知识模块（结构生物化学阶段）、专业基础知识模块（代谢生物化学阶段）、专业特性模块（分子生物学阶段）、学科动态模块（生物化学前沿知识展示阶段）。四个教育阶段承担不同的教学目标，分层次、有步骤地完成生物化学在线开放课程内容的建设。

2. 三种线上模式

普通高校在线开放课程建设成功的关键是利用 MOOC/SPOC 平台，建设具有自己特色的专业课程群。而 SPOC 则是将 MOOC 的教学内容、教学形式、教育理念和技术平台等进行改进和升级，使 MOOC 课程能够在不同的情况下适用于不同的学习群体。在线开放课程体系以"知识的在线上获取和线下运用"为主线，以"能力与素质的质量保证"为目标，形成相互联系、层层递进的三种线上模式：基于 MOOC 平台的生物化学混合式课程建设模式、基于 SPOC 平台的生物化学深入学习模式和线下"翻转课堂"课程建设模式（图5-4）。

图 5-4　生物化学专业在线开放课程的三种线上模式

3. 两个培养主体

以主管部门、院校、企业共同参与为组织结构与基本框架，以院系、师生为两个培养主体的教育模式是在线开放课程设计理念，加强校际合作，建立合作双赢机制，促进院系间学科整合、专业融合，以合作育人促发展，实现普通高校不同地域、不同层次教育协调发展。

4. 一个建设目标

为适应普通高校生物化学高水平特色学科专业建设的要求，以满足教育部高校在线开放课程建设、国际化办学特色和国家法规的要求，普通高校在线开放课程监控与质量保障体系是决定我国在线开放课程建设的制约性因素，因此高校必须紧抓在线开放课程质量，建立监控体系，使生物化学在线开放课程建设具备一定国际竞争力。

三、生物化学在线开放课程的质量保障体系建设

（一）生物化学在线课程教学质量保障体系建设情况

1. 合理安排课前学习、课中学习时间

在线课堂教学模式需要学生课前自主学习时间有保障，也需要教师（轮流在线）有足够时间在线，关注学情反馈，实时解决学生疑难问题，进行个性化指导，这需要对教学时间的安排做出适当的调整，并予以大力支持。争取教务处的支持，使在线课程学习时间的安排相对集中。课程表安排重点考虑课前时间的有效利用，保证课前时间与课中时间尽量衔接。

2. 强化师生在线交互培训

为了使师生快速掌握开放在线课程学习的理念和操作方法，应采用理论学习和体验式培训相结合的方式。制定开展在线课程教学的培训方案，即对任课教师、学生、辅导员等相关人员进行系统培训，集中培训和在线培训两种方法同步进行，开发"培训资源包"供师生反复学习，充分满足任课教师、网上辅导教师、学生进行深度学习的需要。

3. 研究在线课堂教学评价机制

改变教学过程与教学评价相互隔离的静态模式。利用多元化的学习任务设

置方式，探索研究与学生在线自主学习平台相统一的新型教学评价考核制度，建立在线考核、课堂考核、期末考核"三位一体"的课堂教学评价机制，以形成性评价与结果性评价相结合的方式对学生的学习成效进行综合评价。

（二）生物化学在线开放课程网上质量保障体系

普通高校生物化学在线开放课程建设的课程内容建设、网上课程资源开发、网上教学团队辅导和线下反馈保障情况仍处于积极的探索阶段，尚没有系统的、统一的、成熟的在线开放课程模式和质量保障体系可以借用。要基于目前国内在线开放课程平台建设的现状，建立生物化学在线开放课程网上监控和质量保障体系。在互联网时代，开放资源有利于提高本校教育教学品质和提升学校声誉及竞争力。从学习者层面上，有利于满足高校高层次学习者的需求，满足大规模学习者的互动交流，提高学生培养质量、结业率和结业质量；从教师层面上来说，有利于线上线下教学融合，便于教学团队统一制定课程标准，及时了解学习者的情况，第一时间反馈学习动态，提升教学团队的整体实力；从课程管理及维护人员层面上来说，建立开放教育资源共享机制，便于提出统一课程建设管理方案，以共建共享为原则，便于推动不同机构的整体、协同发展，推动教育资源的整合与共享；从未来发展的建设层面来说，国内课程证书的认证问题如果解决，将便于推动网络教育的发展、高等教育大众化以及终身学习迅猛发展。

第三节　生物化学在线开放课程与实践教学的融合

一、生物化学专业实践教学在线开放课程建设存在的问题

通过对普通高校生物化学授课教师和学生座谈、访谈的形式，对普通高校生物化学在线课程建设进行调研，访谈内容如表5-3所示。

表5-3　座谈、访谈提纲

对象	问题
教师	1. 你们现在使用的教材适合地方高校生物化学专业学生的学习吗？这些教材还存在哪些不足？ 2. 您认为学校领导重视生物化学这门课吗？在在线课程开发方面有哪些表现？ 3. 您认为学生的生物化学基础如何？目前学生对生物化学学习投入的精力够吗？如果不够，原因可能是什么？ 4. 您在网上授课时经常会提问和关注哪些学生？为什么？您在教学中是否注意了情感态度价值观教学？效果如何？ 5. 您一周几节课，工作压力大吗？ 6. 在在线课堂上需要让学生讨论问题时，您通常怎么做？您认为当下的"翻转课堂"教学法和基于问题学习（PBL）教学法能满足当下的在线课程学习吗？ 7. 您所在的学校多媒体教室够用吗？您用多媒体进行教学吗？在什么情况下使用？您的课件来源是什么？您对使用多媒体进行教学有什么看法？ 8. 您所在的学校的生物化学实验室是专用的还是与其他科目合用？在线的生物化学实验开设率多少？开设率低的原因是什么？所开实验的教学形式是什么？ 9. 您发表过论文吗？您发论文的目的是什么？您的科研是如何反哺教学的？您的科研成果在网上展示的形式是什么？ 10. 您认为在线开放课程的开设对你们的师生关系的影响如何？学生向您吐露心声吗？如何更进一步拉近师生距离？
学生	1. 你对你们现在使用的生物化学教材满意吗？你认为学习生物化学内容容易吗？你对教材上的哪部分内容最感兴趣？ 2. 你认为在校期间所学的生物化学内容对以后的工作用处大吗？对你未来的职业规划有帮助吗？ 3. 生物化学在线课程老师讲课的过程中，如果有问题，你能及时提出吗？你最喜欢哪种提问方式？ 4. 你常用的学习方法是什么？为什么？老师经常指导你们的生物化学学习吗？ 5. 生物化学在线开放课程开设后，同学们按时交课后作业吗？ 6. 生物化学在线开放课程一共开设几次实验？老师如何在线指导实验？你喜欢这种在线实验方式吗？ 7. 生物化学在线开放课程一个教学环节时间，哪个您能接受？ 8. 你认为你的生物化学老师教学水平高吗？你的同学们对生物化学老师满意吗？ 9. 比较校内外生物化学在线开放课程，你能接受哪个？ 10. 生物化学教学模块中你最喜欢哪个模块？

　　通过梳理访谈结果，将普通高校生物化学专业 MOOC/SPOC 在线开放课程建设面临的诸多问题总结如下。

（一）生物化学实践教学在线课程的教育资源构建存在困难

　　一是大多数普通高校没有足够的动力来构建在线教育资源。这一现象的产生是由于普通高校缺乏较为完善的激励机制，目前我国生物化学在线教育优质资料大多由重点高校提供，而非重点高校能够提供的资源极为有限。普通高校在建设生物化学在线开放课程的过程中，必然会遇到比重点高校付出相对较多却没有得到应有回报的问题。普通高校建设在线课程的动力是建立普通高校优质教育资源共享，使区域内优质教育资源更加均衡化，从而提升自身的竞争实力，借助在线课程建设发展自身的教学团队，培养优秀教师，提升学生培养质量，以优先发展课程为重点打破重点高校垄断格局。目前，普通高校普遍存在"搭便车、随大流"的心理，始终保持坐享其成的态度。由此可见，高等学校在线教育资源的构建必须以学校利益优化为前提，以基于利益基础上的对等互惠为基本动力。

　　二是在线课程评价制度尚不健全，从而知识产权难以受到保护，教师参与建设的积极性不高。优质高效的生物化学资源的构建需要教师大量的原创性学术成果作为支撑，需要前沿的生物学成果与教学内容融合。而现有的学术评价制度，使生物化学类教师由于自身线上线下技术水平的限制，开发的优质教学课程资源很难得到相应的科研学术认可，科研指挥棒下教师付出劳动却得不到相应认可，使得开发优质生物化学课程资源成为他们的额外负担。更为重要的是，一旦优质生物化学课程教育资源制作发布，其中关键内容或核心技术没有严格合法的保护手段，易被人盗取和应用，从而引发知识产权界定不清的纠纷。因此，广大高校教师参与优质生物课程资源构建的热情低迷，在一定程度上影响了资源共建的质量与进程。

　　三是社会机构参与在线开放课程教育资源构建的意愿不强。开发在线教育优质高效的资源市场具有广阔的经济价值，网络上出现了良莠不齐的教育品牌和在线教育网络，使得普通高校自身教师和生源受到了一定的影响，建设优质高效资源的优势很难实现。更为关键的是，开发优质高效资源需要大量的资金支持，一旦失败，损失难以挽回。面对课程信息在线、开放、免费的市场诉求，投资难以形成规模效益。普通高校在线课程建设的不利因素往往会使有实力的社会机构（教育公司、投资机构）对优质高效资源的开发与构建产生消极的预期前景，从而使资源市场推广、社会化应用等相关行动停滞。

（二）生物化学在线课程教学设置不合理

1.普通高校生物类课程缺乏专业特色，设置学科雷同

提高高等教育办学质量和水平的重要指标是专业设置。目前，高校网络教育（仅以爱课程网上生物化学类课程为例）开设了生物化学、基础生物化学、动物生物化学、生物化学原理、生物化学实验技术等热门课程13门，其中普通高校强势专业和特色优势专业的结合寥寥无几，导致网络教育缺乏独特的办学特色，专业设置趋于雷同。此外，专业设置定位上的趋同和单一也加剧了普通高校之间及普通高校与重点高校之间的恶性竞争。

2.培养目标不明确，普通高校生物化学类本、专科专业层次不清

从生物类专业层次类别来看，分本科和硕士两种培养方向，在课程的教学、设置、指导等各方面都采用相同的教学方法和内容，本科和硕士的层次却没有加以明确的安排和区分，培养目标区分不明显，这将不利于提高不同层次人才培养的质量，尤其是硕士研究生培养缺乏创新能力，硕士生物化学实验课程的设置比例应不同层次地加大。

3.培养目标不明确，应体现层次化教学

参加生物化学在线课程网络教育的学生，专业需求明确，学习动机明确，学习类型多样化，普通高校学生比重点高校学生学习基础差。不同专业学生学习生物化学的侧重点不同，尤其是对于发展学生个人自身素质的普通高校学生，网络教育课程要么理论太深，生物前沿知识与课程内容结合较少，学生比较难接受，要么和实践结合不多，不能满足指导学生实践的学习要求。

4.生物化学在线课程学习支持形式单一

普通高校网络教育需要以更多的互动形式去支持不同层次、不同专业学生的学习。发展和加强学习支持服务有利于吸引更多的学习者（校内、外生源），提高普通高校网络教育的竞争力，在重点高校竞争压力下降低本校学生的流失率。目前，高校学习支持服务主要包括课程辅导学习和学习中心学习支持服务以及服务热线学习支持服务两部分。与重点高校相比，普通高校生物化学课程的学习支持形式单一，不能为各个相关专业学生提供个性和全方位的学习支持服务，学习的效果受到一定影响，学生的满意度较低。

（三）生物化学在线课程教学方式缺乏灵活性

随着高等教育在线课程建设的迅速发展，国内对各种开放课程教育资源的要求逐日提高。普通高校发展在线课程建设是一个系统、长期的大工程和战略任务，是一个逐步推进的过程，不仅要借鉴国际上现代远程教育发展的经验，

重视学科和资金的大力支持，也要总结试点工作的经验和成果，加强基础设施和资源建设以及科学研究与实践相结合，还要重视学科建设和创新型专业人才培养模式的建设，推行学分互认与资源共享评价和考核方式，开展国际交流与合作等。普通高校要建立开放式教学管理体系，以推进课程互选、教师互聘、学生互换、学分互认为基础，促进"合作办学、合作育人、合作发展"高校间格局的逐步形成。普通高校应整合优质的师资力量，建立健全教师考评互聘制度，实现优秀师资的共享。普通高校间应强化学分互认，探索"学分银行"制度，确保学分在高校间的相互转化和相互承认。在管理层面上，要进一步统筹在线课程的安排，建立互助体系，逐步实现跨校课程互选互修，最终完成学分互认，使在线课程平台优势最大化。

"翻转课堂"是最常用的一种教学模式，它与传统课堂模式相反。随着生物信息技术发展，特别是生物类在线视频的丰富，在线课程的学习改变了课上和课下的关系。在普通高校在线课程使用"翻转课堂"模式的背景下，学生通过课下观看生物化学的相关教学视频，再在课堂上与师生进行交流，然后消化、巩固知识，并达到融会贯通。学生也可使用在线网络资源与老师一起研讨，及时接受老师课堂辅导，着重讨论重难点问题以及概念的延伸拓展。其次，普通高校在线教育改变了教师和学生的关系，网络化教育使得教师和学生关系更加平等：普通高校网络课程资源使学生从以往被动的填鸭式学习到目前的主动学习进行了转变，手段方式更丰富多样（阅读、思考、讨论）；使教师在课程理念上从侧重知识传授转变为侧重传授思维和学习方法。普通高校在线课程的学习打破传统的授课教学模式，通过对学习者的学习情况反馈出不同的在线课程练习方式，在一定程度上表现出"因材施教"的特点。

二、生物化学专业实践教学在线开放课程构建方式的探索

（一）生物化学专业实践教学在线开放课程的设计与优化

1. 在线课程教学内容的模块化分解

深入分析生物化学每章内容知识点及章节之间知识点的内在关联性，整合、优化教学内容，按照"在线自主学习"和"课堂面授学习"两个环节，将教学内容进行模块化分解，再将每个模块分为若干知识单元，提高在线学习的时效性。

2. 设计在线学习"课程导学"和配套学习资源

"课程导学"设计的质量不仅直接影响学生自主学习效果与达成学习目标

的可能性，也影响着选择混合式学习的最优方案和课堂教学方式的创新策略，因此必须提前设计。自主学习"课程导学"包括教学大纲、学习指南、学习任务和学习建议四个部分：教学大纲包括教学内容的重点及难点、达成目标等；学习指南包括模块名称、知识单元、学习方法建议和课堂学习形式预告等；学习任务主要是学生需要完成的任务；学习建议由学生自主学习之后填写。其中最重要的部分是学习任务，在设计时应考虑是否满足学习目标、是否把知识点转化为问题、是否提供了方便的资源链接以及相应的练习。

以自主学习"课程导学"为前提，系统开发配套学习资源。配套学习资源以视频教学（"微课"）为主，制作"微课"时不拘泥于某个孤立的知识点，而是服从于"课程导学"给出的任务，要按照高质量的标准开发"微课"。另外，在设计任务时，要尊重学科、专业、学生个体等方面的差异，充分考虑类别和难易度，每个模块的流程、格式相对固定，便于学生熟悉使用。

3.搭建在线自主学习平台

欲保证学生在线学习的顺利进行及学习的实效性，要建设软件、硬件两个方面的资源环境作为支撑，给学生提供一个自主学习的平台。

（1）硬件方面：依托校园网教学平台、校园无线网、多媒体教室、学生个人平板电脑、教师用电脑和手机客户端组成的信息化教学系统，配置高性能服务器，增大网络带宽，努力实现校园 Wi-Fi 无死角覆盖。

（2）软件方面：搭建网络学习平台，开发自主学习最优环境，包括学习区、讨论答疑区两部分，每个区均能够上传和下载教学资源。课题组成员共同提供配套学习资源，满足学生的个性化学习需要。

在线学习的独特性让学生所生成的数据以指数式增长，这些数据更加全面地考察了学生的学习效果。因此该自主学习平台需设置一个"用户信息中心"，为教师和学生同时提供数据分析的结果，让"大数据"说话，使学生及时了解自己学习的进展，方便教师考察学生的缺勤情况和学习情况，从而提升学生学习保持率，增强个性化学习体验。另外，为了更好地支持移动学习，让学生可以利用零碎空闲时间进行课程自学，平台也应推出移动客户端。

4.改革教学理念，创新教学方法

建立"上—下—上"的在线课程运行方案。在普通高校教务处的支持下，项目组和任课教师负责材料的搜集、培训的开展，把 MOOC 的理念和基本操作规程由上到下的进行学习和培训。成立以任课教师、辅导教师、学生小组组长等为主要负责人的培训小组。在项目组负责人的带领下开展改革研究和培训工作。项目组收集信息，了解进展的情况，组织研讨，不断改进改革措施，将相关信息反馈到学校教务部门，完成由下而上的过程，从而保证在线课程教学的良好运行。

按照"内—外—内"的思路，精细制定开放在线课程的教学内容。在校级精品课程的基础上（内），与其他学校加强交流（外），学习别校的长处，改进自己的不足。此外，邀请专家进行会诊，进一步找出自身的不足，理清改革的思路。广泛采纳专家的建议，狠练内功，合理设计在线课程的教学内容，以适应应用型人才培养，提高教学质量的需要（内）。

创建"软—硬—软"的教学服务平台。首先搭建网络学习平台，开发自主学习最优环境，包括学习区、讨论答疑区两部分，针对任课教师、学生、辅导员等相关人员进行系统培训（软）；其次依托校园网教学平台、校园无线网、多媒体教室、学生个人平板电脑、教师用电脑和手机客户端组成的信息化教学系统（硬），通过师生实时在线互动交流，即可以实时了解学生参与学习进展及效果（软）。

5. 完善评价体系，形成切实的教学效果

为提高生物化学网络课程的质量标准，教育部开展并实施了全国部分基础公共课的教学工作评估以及统一考试等质量监管，同时还建立各高校网络教育质量监管平台。针对网络课程的质量问题，必须把内部自律与外部监管相结合：高校发挥自身的作用，制定教学的有关规程，开展教学的正确评估，建立专业的教师团队和专职的管理人员团队，对学分的转移和互认等机制、标准和体系进行全方面地建设；建立健全由社会各界积极参与的全方位、立体化的质量保证体系与社会监管机制。

（二）生物化学专业实践教学在线开放课程建设问题的解决

（1）在生物化学课程内容设定方面，以强调预设性结构化知识传授的MOOC 居多。实质结构上，以培养学生学科基础知识与基本技能掌握为重点的知识课程居多。在内容表征上，基本上以 10 分钟左右的微视频加以呈现。就目前网络上播放量超过十万的视频课程中，以培养学生学科基础知识与基本技能掌握的知识课程占 44.6%，比如许多类似导论、概论等的课程，以培养技术操作与实践能力为核心的实践课程和以培养健全人格为核心的课程分别占 16.9% 和 17.7%，而以培养审美情感与能力为核心的情感课程和以培养自我意识、元认知、学习策略等为核心的自我发展课程分别占 10% 和 10.8%。

（2）在课程资源方面，强调课程视频、PPT 课件、在线测试和文本资料等基本资源设计，也关注多样化拓展资源的设计。课程视频主要以知识讲授为主，有些视频内嵌测试或者跳转至论坛的设置，大大增强了视频学习的交互性。有的视频甚至可以直接与外部程序实现无缝连接，支持学习者在观看视频的过程中即时参与实践。除了知识讲授外，还有一些课程提供辅助类视频资源，用于课程导入、问题答疑、作业讲解等。在线测试形式多样，既可在课程视频中以嵌入的形式呈现，又可以课后测试、期末测试等的形式出现，支持评价方式的多元化及教师对学生学习的动态跟踪。文本资料主要是与课程相配套的文字讲义、参考书目、主题讨论、作业要求、课程调研等的说明。

（3）在课程实施方面，以课堂实录和手写讲解的视频教学为主，同时提供支持学习者交流互动的空间，增强在线学习的参与性。MOOC 的视频教学以课堂实录居多，其次是录屏讲解。这种展示方式容易让学习者产生一对一授课的亲近感。还可采用动画演示、访谈对话、实景授课以及融合上述两到三种展示方式的综合式。

在 MOOC 实施中，课程邮件和课程讨论区是 MOOC 的两大互动方式。每周助教都会定时发送电子邮件，通知学习者本周的学习内容和作业，学习者之间或教师、学习者之间通过电子邮件进行同步或异步交流。在课程学习的过程中，教师可预先在讨论区中发布主题供学习者参与讨论交流。除此以外，超过 80% 的课程重视各种社交媒体的应用，以增强交互的共享性和社会化；超过 50% 的课程设置了在线答疑，实现"学习者即时提问、教师即时回答"的同步交流。

（4）在课程评价方面，有诊断性评价、形成性评价、终结性评价与课程认证等多种评价方式，实现对学习者的学习效果进行全面有效的评估。诊断性评价以学习起点测定为主，部分课程还融入了学习者的知识背景调研或是学习风格分析，以便授课教师更加清楚地了解和掌握学习者的基础，为教学活动的安排提供依据。形成性评价以平时作业考核、电子学档记录和期中测验或周测验为主。期末考试是 MOOC 每一门课程常用的终结性评价方式。通常，考试题以选择题、填空题为主，极少数的情况也有论述题、计算题等。coursera 主要是通过日期限制考试完成；edX 则主要是通过次数限制考试完成，一般在 3 次以内；然而 Udacity 平台则不设时间和次数的限制，只要在课程结束之前完成即可。除此以外，针对一些实践性较强的理工科课程，项目实践是另一种终结性评价方式，尤其以 Udacity 平台上的课程居多。

第六章　新媒体技术在生物化学专业实践教学中的应用

随着新媒体技术、互联网技术的快速发展，网络已经深入人们日常学习生活的每一个细节，成为大多数年轻人特别是当代大学生社交、获取资讯的主要渠道。学生生活方式的改变也促使高等教育在教学方式上必须做出相应的变化来适应时代发展，以最大限度地激发学生的学习热情。线上教育也从早期单一的课件库、试题库、教学录像向"微课"、MOOC、"翻转课堂"等集成式网络教学资源转变。

生物化学专业教学内容复杂，各种生化反应变化多样，在传统教学过程中，单纯靠教师传授，学生知识、技能的获取总会产生偏差。同时，学生缺乏对于知识和技能的实践应用，尤其是实践教学活动无法满足学生日益剧增的需求，需要利用其他技术来提高实践教学活动的效果。如何将新媒体技术与生物化学专业的实践教学结合，并适应学生的心理需求和学习特征，这是亟待解决的问题。

本章对目前新媒体技术与实践教学的结合情况进行分析，介绍"微课"、MOOC、"翻转课堂"等应用新媒体技术进行课堂教学的新方法，并针对最常使用的"微课"进行详细分析。

第一节　新媒体技术与生物化学实践教学概述

一、新媒体技术

（一）新媒体的概念

新媒体是新兴起的相对于传统媒体（如广播、电视、报纸、书籍等）的媒体形式，也被称为数字化新媒体。而新媒体技术则是借助网络技术、数字技术、移动通信技术等形成的新形式的传播技术。

　　既然说到数字化新媒体，那么本书综合专家学者的看法给出一个比较恰当的定义：数字化新媒体是以信息科学和数字技术为主导，以大众传播理论为依据，融合文化与艺术，将信息传播技术应用到文化、艺术、娱乐、商业、教育和管理等领域的科学与文化高度融合的综合交叉学科。它包括图像、文字、音频、视频等各种形式，在传播形式和传播内容中采用数字化，信息的采集、存取、加工、管理和分发均为数字化过程。新媒体技术作为新兴的领域、新兴的产业，越来越受到大家的重视，甚至被誉为"经济发展的新引擎"。像人们所熟知的数字电视、移动视频、手机媒体、网络流媒体等都包括在新媒体之中。新媒体应具备以下特征：以新技术为载体，以互动性为核心，以平台化为特色，以人性化为导向。

（二）新媒体的特点

　　在理解新媒体的概念后，还要把握新媒体信息传播的特点。

　　一是多媒体化，即"多种媒体协同表示内容信息，既可以用文本、音频等媒体来表示，也可用图像、图形、视频和动画等媒体来表示"。像大众经常使用的 PowerPoint、Word、Flash 等这些都是数字多媒体的应用。

　　二是集成性，"数字媒体是多种不同形式的表述媒体综合起来，共同表示某个内容，并能根据传播的需要由接收者集中控制各种表示媒体的演示方式，从而有利于取得更佳的传播效果"。

　　三是交互性，"数字媒体所具有的人与机的双向实时信息流通性能，即信息在信息发布者和接收者之间的双向流动，数字媒体系统不仅向接收者呈现各种表示传播内容的多媒体信息，而且也能够接收接收者反馈的各种类型的信息，更重要的是能够对接收者反馈的信息进行分析和处理，以确定下一步向接收者呈现信息的内容和方式"。

　　四是超链接性，"数字新媒体的信息通过超链接技术，以媒体对象为单位，按一定的逻辑关系组织成一个具有非线性、网络化特征的结构化信息体系"。

　　五是高共享性，它作为数字新媒体服务的特征之一，应用于数字电视、卫星电视、网络电视、数字展示、手机电视、iMessage、虚拟社区、搜索引擎、门户网站、数字出版和数字广告等。

　　六是数字窄播性，它的主要功能是提供个性化信息服务，使其最大限度地满足人们多方面、多层次的信息需求。

　　七是互动性，主要以数字媒体系统的交互性技术为基础，即发布者、接收者双方基于数字新媒体交互性而进行的诸如问答、讨论等意见交流、思想沟通的社会建构过程。

八是接收者地位的变化，这也是数字新媒体最显著的传播特点。

而且，新媒体技术的使用门槛在不断降低，大众化的电子设备不断普及，使得普通百姓也可以自如使用。目前，新媒体技术的产品的普及已经到了幼儿园的儿童，这些小孩子有超强的模仿能力，看着父母在玩手机，他们也会拿起手机使用软件，小孩子多用触屏媒体（智能手机、iPad 等）观看动画片、玩智力游戏等。

（三）新媒体的分类

新媒体的种类众多，比如网易邮箱、新浪网站、百度搜索引擎、微信（WeChat）、微博、YouTube、网络电视（IPTV）、手机短信等。它们之中有的属于新的媒体形态，有的属于新的媒体软件、新的媒体硬件和新的媒体服务方式。这些都是大众经常会使用到的新媒体技术。新媒体技术已经深深地融入我们的日常生活中，每天我们都可以用手机浏览新闻资讯、查阅信息、了解朋友的状态、与朋友沟通，淘宝购物等。

（四）新媒体的关键技术

新媒体技术主要研究的是与媒体信息内容相关的理论、方法、技术与系统，其中的媒体信息内容包括信息获取、信息处理、信息传播、信息管理、信息安全以及信息输出等。因此，新媒体技术中的关键技术包括新媒体信息获取与输出技术，新媒体信息处理与生成技术（计算机图像、图形和动画技术），流媒体技术，新媒体传播技术（计算机网络技术、移动通信技术），新媒体信息存储、发布与检索技术，虚拟现实技术（Virtual Reality），云计算与大数据技术，以及新媒体信息管理与安全技术。利用新媒体技术创新教育的载体，可以为教育教学提供支持和帮助。例如虚拟现实技术，它是以计算机的技术为核心的新技术，形成身临其境的真实场景，学习者可以在这里得到真实的体验。新媒体传播技术则是大众运用最多的。在微信朋友圈、微博、QQ上发布一条状态，手机另一端的人几乎能实时看到你发的状态，可以对状态进行回复等。从传统的需要靠写信才能联系，到现如今只要有网络和新技术就能实现面对面的视频聊天，交流的便捷度极大地提高。

（五）新媒体技术与传统媒体技术的区别

新媒体技术正在崛起，逐渐改变着媒体生态环境和信息传播特质。在这种技术比重越来越高的环境中，传统媒体技术若不进行产业调整与革新，还是按照之前成熟的经营模式和发展战略，那么只会在激烈的竞争中一蹶不振，无法翻身。数字新媒体并不是对传统媒体的颠覆，数字新媒体的出现并不会导致传统媒体的消失匿迹，而是对传统媒体的延伸、拓展和创新，二者相互辅助，共同为提高人们的生活水平做出贡献。

新媒体技术优于传统媒体技术的方面主要在于无国界性、即时性、互动性、多媒体性和超文本链接，可以使受众享受到更加个性化的信息服务。传统媒体包含了诸如广播、书籍、电视等，需要在特定的时间、地点才能够使用。而新媒体则不同，它可以随时随地地为接收者提供所需要的信息。在微博没有出现之前，如果想要发一段文字，需要发很长的一篇博客，而微博只需短短几个字到几十个字不等，还可以插入图片。微信的出现更加影响了人们的生活。通过微信上的各种功能，人们可以与好友联络彼此的感情，可以随时随地发送文字、图片以及小视频，让周围的朋友更加了解你，即使是常年没有见过面的人也可以从你平日里发的状态来了解你的生活。新媒体技术带来了智能终端技术，以前手机只可以发信息、打电话，现如今手机几乎无所不能，打电话、发信息已经不再是手机最显著的用处，借助于互联网使用者可以用手机做很多事情，如购物、交友、学习等。新技术给我们的生活增添了许多生机，带给了很多便捷，在这个充满新鲜事物的时代，大家要合理地将各种技术运用于正能量的工作、学习、生活中。

二、"微课"与生物化学实践教学

（一）"微课"的概念

"微课"在我国的最早提出者是佛山市教育局的胡铁生先生。他认为，"微课"是以教学视频为主要载体，记录教师在课堂教学中针对某个知识点或教学环节而开展教与学活动的新型教学资源。"微课"是一种区别于传统课堂的有特色的新型教学模式，它不是简单的传统课堂的浓缩，不是传统课堂的删减版压缩版，更不是课堂教学的片段，而是内容充实丰富的微课例，类似于片段教学。"微课"的课程时长一般控制在 10 分钟左右，以教师讲授为主，引导学生发现问题、分析问题、解决问题。

（二）微课的特点及分类

1. 时间短

"微课"不同于传统的 45 分钟课堂，而是以浓缩精华著称。将教学内容在短时间内高质量完成，引导学生有效率地学习。

2. 内容精

由于课程时长短，要求"微课"必须集中于教学难点或者教学疑点进行针对性的教学，因此教师在教学内容的选择上就必须慎重，选择学生平时有疑问、很难掌握的部分进行"微课"教学。它不同于网易公开课等网络学习课程的课堂实录模式，而是针对性地选点，帮助学生针对性地学习，从真正意义上解决学生学习中的疑难问题。

3. 时空限制小

"微课"是在网络教学的基础上形成的，因此学生可以借助智能手机、平板电脑等移动设备进行学习，不再局限于传统的固定课堂学习。学生可以随时随地享受"微课"教学的魅力，大大地提高学习兴趣以及课外自主学习的可能性。

由于"微课"的资源类型多种多样，开发"微课"的途径多种多样，可从不同的角度对"微课"进行分类。我国学者国喜和莫署根据"微课"新颖、精简和快捷的特点，把"微课"分为配有音乐与图片的视频和一张张便笺纸这两种类型。这是按"微课"的资源类型来划分的。如果按照开发途径分类，"微课"可以划分为摄制类微课、录屏类微课、课件转化类微课等等。如果从课堂教学方法的角度来看，"微课"又呈现不同的形式。如果教师是以讨论为主的教学方法进行教学，那么录制出来的"微课"就是讨论式的，即教学过程以学生的讨论为主，通过学生的讨论来达到学习新知识、解决问题的目的。

随着越来越多学者对"微课"研究的探索，"微课"类型的研究也逐步深入。另外，现代教育教学理论的不断发展和创新也会影响"微课"类型的划分。

（三）"微课"在生物化学专业实践教学中的意义

在目前教育改革以及高速发展信息化技术的形势下，推行"微课"教学，现实意义深远。

从学生方面来看，"微课"使得学生随时随地学习变得方便，同时使得课外学生自主进行学习成为可能。"微课"知识点比较集中，依照自己的需要和兴趣，学生完全能够开展相关针对性学习，学生因此学有所得，乐在其中。对于教育改革而言，学生负担减轻这一要求得到突出，"微课"教学对这一点进行了很好的践行，传统课堂"大而泛"的教学模式被"小而微"的教学模式所改变，教学中的重点、难点得到突破，学生在某一知识点上的注意力得到集中，学习效果以及学习效率得到提高。"微课"，视频形式，原因在于画面生动形象的优势非常明显，同其他媒体方法比较，视频教学对于学生的理解与记忆更加有利。在视频媒体的辅助下，学生实时反馈也可以实现，采用评论等方式来对自己在学习中遇到的难题做出及时表达，从而获得帮助，同时在网络上能够就某一知识点发表自己的见解和体会，还可形成线上学生与老师之间以及学生之间的探讨与交流，帮助学生良好的学习习惯，使学习能力提高得到。

从教育者主体方面考虑，"微课"教学使得教师之间的交流变得方便，教师之间相互借鉴、博采众长、相互学习，使得良好的教育教学机制得以形成，工作效率获得提高。教师可以通过对他人"微课"教学案例进行观摩，发现新的教学点得以发现，从而使自己在课堂教学中的不足得到完善。从教师专业成长方面来看，"微课"对于教师专业水平的提高非常有利，能够在细节中让教师追问、思考以及发现问题，变成开发和创造学生学习资源的人。实行"微课"教学实际上也是教师自我反思的过程，帮助教师在不断的反思中不断成长，尤其是在新教师的成长方面作用非常大。

从教育自身来说，现在的"微课"浪潮是对之前视频实录课堂的反思和修正，是在其基础上的一次飞跃。"微课"视频教学具有传播速度快、录制程序简单等特点，不仅能够实现区域内的资源共享，还可实现全国范围内的交流与应用，使国家整体教育教学水平获得提升，对于教育教学公平的促进和我国教育事业的"又好又快"发展意义重大。在《教育部 2014 年工作要点》中指出：围绕教育治理能力提高以及教育治理体系建设，对教育领域综合改革进行深化；通过对教育领域综合改革进行深化，使得教育事业科学发展得以实现；通过教育事业科学发展的实现，更好地促进教育公平、优化教育结构、提高教学质量；利用优化结构、促进公平以及质量提高，更好地给中国经济升级版的打造、小康社会全面建设提供强有力的智力支持以及人才支撑。毫无疑问，"微课"属于一次教育领域的巨大革新，给教育改革注入了新鲜的血液，对教育事业的科学发展的实现、教育结构优化以及新型人才的培养具有重要的现实意义。

（四）"微课"的最新理论成果

1. 层次需求理论

众多心理学家开始介入人类接受教育过程研究。生物化学教育从本质上而言是人的学习过程，而要实现这一学习过程中效率的最高化、能力提升的最大化，则要更好地分析学习者在学习过程中的心理活动，并对所获得心理活动特点，制定更加具有针对性的培训计划和组织形式，将更加有利于提高培训的实用性和有效性。通过对现有心理学关于学习者学习的理论进行归纳总结，可以看出，当前有代表性的几种学习理论是行为主义学习理论、社会学习理论、建构主义学习理论、认知主义学习理论、混合学习理论及学习型组织理论等。各种理论的详细内容如表 6-1 所示。

表6-1　几种代表性学习理论的对比

学习理论	内涵
社会学习理论	兴起于20世纪60年代，创始人为美国心理学家阿伯特·班杜拉。该理论阐明了人怎样在社会环境中学习，从而形成和发展自己的个性。社会学习是个体为满足社会需要而掌握社会知识、经验和行为规范以及技能的过程，该过程如图6-1（a）所示
行为主义学习理论、认知主义学习理论、建构主义学习理论	行为主义学习理论强调在学习中应遵循小步调和及时反馈的原则，将大问题分成许多小问题，循序渐进；认知主义学习理论是指人对于某一知识与技能的掌握，需要领会、巩固与应用三个最基本的环节；建构主义学习理论认为学习是学习者借助他人的帮助，利用必要的学习资料，通过协作、会话实现意义建构的过程
混合学习理论	混合学习理论是指不同教学的混合、教师主导与学生主体参与的混合、课堂教学与在线学习的混合、不同教学媒体的混合等等。具体学习设计步骤如图6-1（b）所示
学习型组织理论	学习型组织理论要求每个人都要参与识别和解决问题，使组织能够进行不断的尝试，改善和提高它的能力。与传统学习理论的差异在于其注重于效率，提倡从被动培训到主动学习，如图6-1（c）所示

（a）班杜拉社会学习理论中的学习流程

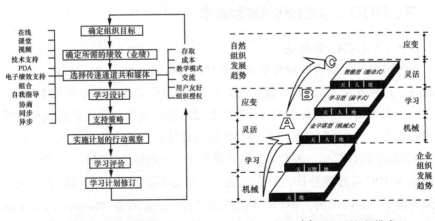

（b）混合学习流程设计　　　　　（c）学习型组织模式

图6-1　学习的理论基础

2. 移动学习理论

移动学习是指运用无线移动通信设备随时随地进行学习的一种方式，它可以使学习者的学习变得更加便捷和个性化。现在微信和 QQ 成为人们进行移动学习的主要工具，它们可以实现实时和非实时交流，非常适合随时随地学习的方式。另外，它们的即时反馈功能，可以及时地指导学生安排自己的学习进度，同时可以使学习者之间进行更好地互动和交流。学生可以利用移动设备进行自主学习，可以利用网络资源学习自己喜欢的内容，从而使学习既个性又自由。"微课"资源存储量小，非常适合在手机或 iPad 等移动设备上在线播放，可以让学习者随时随地进行学习，这与移动学习的需求不谋而合。这就说明移动学习理论为"微课"的可行性提供了理论依据，并将会使"微课"的应用越来越广泛。

3. 非正式学习理论

学习通常可以分为正式学习（Formal Learning）与非正式学习（Informal Learning）两种基本形式，"正式学习"主要指的是我们通常所说的学校的学历教育以及部分人工作后参加的继续教育；非正式学习则指的是通过非教育机构的社会交往活动来获取知识的学习，它可以随时随地发生。另外，非正式学习强调利用零碎的时间来学习，并非是学校教育中的系统而长时间的学习。微课短小精悍的特点非常符合非正式学习利用碎片化时间进行学习的要求，为非正式学习提供了新的学习途径，同时，非正式学习理论也为微课的设计提供了理论指导。

三、MOOC 与生物化学实践教学

（一）MOOC 的概念

MOOC 是远程教育在现代职业教育环境和技术条件下的升级版，可以通俗地称为"远程教育 3.0 的升级版"。远程教育由于信息传送方式和手段不同，经历了三个发展阶段：远程教育 1.0 阶段是以邮递的纸质材料为载体的函授教学阶段；远程教育 2.0 阶段是以广播、电视为载体的广播电视教学阶段；远程教育 3.0 阶段是以计算机、多媒体与信息通信技术为载体的网络教学阶段。

从 MOOC 兴起到今日，研究它的专家学者不计其数，他们对于 MOOC 的含义都做了一定的说明。MOOC 即大规模公开在线课程是，Massive Open Online Course 的音译。虽然 MOOC 的概念是 2008 年才提出，但其源头可追溯 1962 年的美国。2008 年，加拿大爱德华王子岛大学的 Dave Cormier 教授为之命名。同年由加拿大阿萨巴斯卡大学（Athabasca University）的学者乔治·西蒙（George Siemens）和斯蒂芬·唐斯（Stephen Downes）提出。2012 年在美国得到迅猛的发展，与此同时，纽约时报宣布 2012 年为 MOOC 元年。因为数以百万计的学生在世界各地学习 MOOC 课程，这些课程来自世界顶尖名校如斯坦福大学、加州伯克利大学、哈佛大学、和哥伦比亚大学；同时，数以百万计的投资流向了这些公司，媒体认为 MOOC 为高等教育带了翻天覆地的变化。

MOOC 给热爱学习的人提供了一个新的学习平台，不受空间、时间、地点的限制，对于学习者而言，没有年龄、性别和国籍的区别对待，只要你有时间、有电脑（手机）、有网络就能轻而易举地对你感兴趣的知识进行学习，对于看不懂的知识点还可以反复观看，直到弄懂为止。据不完全统计，目前全球已开设 5000 个 MOOC，学习人数约 5000 万人，国内已开设的 MOOC 约 1000 个。国外有很多 MOOC 学习网站，例如可汗学院、Coursera、FutureLearn、Udacity、edX 等。而我国从 2013 年以来同样创立了很多不错的 MOOC 网站，比如学堂在线、爱课程网、MOOC 网、网易云课堂、果壳 MOOC 等。

（二）MOOC 的特点

1. 专业水平过硬的教师队伍

在传统的课堂当中，以教为主的，老师作为整个课堂的核心，他的一言一行直接影响着学生对于知识的理解程度，掌握情况。所以 MOOC 上面的课程，都是由名校著名的教师进行授课。只有这样精彩生动的课程，才能够在短时间内吸引学习者，促使他们学习。

2. 多元化的学习者

在以往传统的课堂中，学习者的生长环境几乎一样，年龄也是相仿的，学习水平相差不大，同龄人一起接受教育。然而 MOOC 的学习者截然不同，来自全球各地，不同的年龄阶层，不一样的身份背景、不同的知识储备水平，学习者根据自己的主观情感选择自己喜欢的课程进行观看学习。

3. 短小精致的知识内容

据了解，每个人专注于一件事情的时间基本在 20 分钟以内，超过这一时间，人就会开小差也可以说是跑神。因此，MOOC 平台的每一个课程的时间都会控制在 20 分钟以内，利用较少的时间讲述一个短小的知识点。

4. 完善的平台设置

不同于其他的课程网站，MOOC 有一套完整的课程体系，包括学习者选择课程、听取课程、课中练习、课后作业、参加学习谈论社区、参加相应的课程测试、获得结课证书（有些课程是获取学分）。学习者在这里，可以更好地学习知识，巩固知识，运用知识。

5.开放自由的学习方式

在传统教学情景中，学生都是被动的学习，以一种被灌输的方式掌握知识，而 MOOC 的学习者，你可以自由选择想要学习的内容，根据自己对知识的掌握情况，遇到不懂的知识点，可以反复观看学习，直到掌握为止。对于不是特别聪慧的学习者来说，这样的学习模式特别好。

6.多样的评价方式

MOOC 的学习者在学习完某一课程之后，学习者可以到学习讨论社区发表自己的学习心得体会，而 MOOC 的课程教师可以根据课程知识点设计客观题或是主观题供学习者评价自己。

（三）MOOC 的兴起

MOOC 在国外兴起的比较早，比较有名的 MOOC 平台有 Udacity、Coursera、edX 等。而在我国基本上可以从 2013 年说起。最近几年随着我国现代教育技术不断地发展，在这一强大推动力的作用下，一种新形式的在线开放课程平台——MOOC，很快在我国广泛的流行和兴起，形成新的潮流趋势。我国的 MOOC 平台主要有学堂在线、果壳 MOOC、网易云课堂、智慧树、尔雅课、腾讯课堂、华文 MOOC、好大学在线等。微课和翻转课堂作为现代教育技术的另两种形式，跟随着 MOOC 一起为我国的教育出谋划策。据调查了解，新形式的教育技术能够扩展教学的空间，增加学生对教学内容的吸引力，激发学生的学习兴趣和学习积极性，使他们由学习中的被动者，转变为学习中的主动者。与此同时，不仅仅是学校的学生们可以利用 MOOC 平台进行网络学习，而是让所有爱好学习、喜欢学习的社会各阶层的人们都能够学习起来，俗话说："活到老，学到老"。在教育部、财政部的支持下，高教社建立了大学 MOOC，协同各校资源，建设高等教育课程资源共享平台。2015 年爱课程网又针对职业院校推出了中国职教 MOOC，使得职业教育的 MOOC 发展又迈上了一个新台阶。针对我国的职业教育，更多地实际操作的实践课程进入到 MOOC 的平台中。

（四）MOOC 与传统课堂的区别

MOOC 平台的教育跟传统课堂教育有很多的不同。

其一，学习对象不同。传统课堂教育，中规中矩，每节课 45 分钟，一间教室，50 多个学生，一名任课教师。学生的年龄相仿，文化程度相当，生活背景类似。学生坐在教室里，听着讲台上的教师讲授课本上的知识，在这 45 分钟里，有没有开小差，有没有听懂老师讲的知识点，旁观者不得而知，只有身在此教室的学生们自己心里清楚，并且这将会反映到他们的成绩上。没有人带着学习者进行知识的回顾，只能靠学习者自己的自觉性。而 MOOC 教育截然不同，它的学习对象未知，存在很大的可变性。在不知道学习者年龄、文化程度、生活背景的情况，不仅要让没有基础的学习者能够听明白课程内容，掌握知识点，而且还要让有一定基础的学习者通过同样的课程收获新的感悟。

其二，教学目标不同。传统教学课堂的目标，可以理解为让学习者在课堂教学中掌握课程知识内容，考试合格，完成学业，顺利毕业，找到理想的工作。而 MOOC 的教标则是希望能够满足尽可能多的学习者的学习需求，让尽可能多的学习者能够在有限的十几分钟之内，收获一定的知识，学有成效。

其三，学习者身份不同。在传统教学课堂的环境下，是以教为主，老师讲课为主，学习者乖乖地坐在教室里，听着教师讲授知识点，被动的记忆知识，课堂中教师点到其中一名学习者回答问题，而剩下的学习者就可以不用动脑子进行思考。而 MOOC 环境下，则是以学为主，学习者作为核心，学习者根据自己的兴趣爱好，选择自己感兴趣的课程，主动的进行学习，课程的制作教师会在这个短小的课程中设计问题，使每一个观看到课程的学习者都能够停下脚步思考问题，并回答问题。

其四，学习环境不同。（本研究想要反映出来的问题是：传统教学课堂的局限性）传统课堂教学，学生必须走进校园才能接受教育，学习知识技能，假如学生生病或出现各种各样的问题不能来校上课，就会耽误学习进度，短时间内对学生成绩的影响不明显，若长时间缺课必定会造成影响，使得学习成绩下降。而 MOOC 教育相对来说便捷许多，学习者可以自己掌控时间，根据自身需求，随时随地的进行课程的学习，但前提是学习者所处的环境要有互联网络，而学习者本人需要拥有一部手机或是一台电脑，就可以随时进行知识的学习。

（五）MOOC 与"微课"的关系

参与微课理论研究和实践研究的专家学者文化背景不尽相同，对"微课"含义的看法也不同。由于"微课"的雏形最早于 1993 年由美国北艾奥瓦大学的有机化学教授 Leruy 提出，应用于"60 秒有机化学课程"。2008 年秋季，由美国新墨西哥州圣胡安学院的高级教学设计师、学院在线服务经理戴维·彭罗斯最早提出微课。当时将时长为 60 秒的影像称之为"微课程"，即微课的前身。与此同时，戴维·彭罗斯被人们戏称为"一分钟教授（the One Minute Professor）"。直到 2011 年，由我国广东省佛山市教育局信息网络中心的胡铁生先生正式提出。据了解，当时胡先生作为佛山市教育局负责教学资源评比的工作人员，他发现教师拍摄的教学课堂实录过长，评审专家在观看的时候无法一一看完，于是他就萌生了让教师围绕一个知识点有针对地进行讲解并制作成微视频参加评选的设想，正是这个设想，微课被正式提出。至于要给微课下一个定义，综合各位专家学者对微课的理解得出：微课是基于教学设计思想，运用多媒体技术手段，在5~10分钟之内就一个知识点进行针对性讲解的视音频。

　　MOOC和微课他们之间既是相互联系又是相互区分开来的。在MOOC平台上，微课可以成为MOOC的有机组成部分。微课可以辅助教学，开阔学习者的视野，它不存在与老师的现场沟通、与其他学习者的在线论坛讨论。而MOOC的学习则是完整的学习体系。利用现代化教育技术将难以理解的理论知识转化成内容丰富、便于理解掌握的视频影像，可供学习者反复学习体会。

（六）MOOC与翻转课堂的关系

　　翻转课堂是英文Flipped Classroom的翻译。它是由美国的两位高中化学教师Bergmann和Sams于2008年首先提出的。翻转是课上和课下学生的行为。在翻转课堂之中，学习者必须进行课前的预习，在任课教师的计划中，学习者通过预习功课可以掌握一部分比较简单的知识点，对于比较难于理解掌握的知识点，任课教师会在课中的时候为学习者进行重点讲解，或是解答学习者在预习课程内容时所留下的问题。翻转课堂仅仅是针对实际的课堂教学。而MOOC则是面对整个大众，涉及的范围比较广泛，不仅仅是面向在校学生，而是整个社会。

第二节　新媒体技术在生物化学专业实践教学中的应用

一、新媒体技术在生物化学专业实践教学应用中普遍存在的问题

（一）硬件教学设施使用率偏低

　　生物化学专业主要培养技术、应用型人才，主要向各个企业输送具有专业实践技能的人才，因此教学会与一些比较有名的企业合作办学。通常学生完成在校学习后，去企业进行为期半年到一年不等的岗位实习。实践教学，最突出的就是"实践"二字，可以理解为使学生们动起手来、迈开脚步，用自己的双

眼、双手去发现和感受，这就需要相配套的硬件教学设施辅助。但据观察和了解到的实际情况，形势却不容乐观。学校虽然配备了相关的硬件教学设施，但使用率偏低。在学生们动手实践之前，教师要向学生们讲解相关的操作步骤和注意事项。以往，任课教师在黑板上写明操作步骤和注意事项，或是播放网上下载的视频资源，这两种办法虽都有效，但是不如教师直接使用硬件设施实际操作讲解。

（二）教师缺乏对实践教学的理解认识

除了硬件教学设施使用率偏低之外，还有任课教师对于实践教学的内涵理解有偏差。实践教学过程是巩固理论知识和掌握理论知识的重要途径。在实践教学的课堂里，任课教师扮演着举足轻重的角色——启发者，然而现在生物化学专业的教师并没有清楚地认识到这一点。任课教师认为在实践教学课堂里，他们的主要职责是监督学生做好本节课的实践任务，学生按照书本上给出的步骤能够做成功即可，而较少启发学生的思维。

（三）学生对于教师在实践教学课堂呈现的教学资源兴趣不浓厚

相对于理论课程来说，学生们更喜欢实践课程，但是学生对课堂中呈现的教学资源却不太感兴趣。传统的实践教学总是太过呆板，不够创新，课堂枯燥乏味，学生对于现有课堂的兴趣度不高，直接影响到教学效果。做任何一件事情，假使没有兴趣怎么能够用心做好一项工作，更何况是学习。就目前生物化学专业学生的课堂状态来看，如何提高学生的学习兴趣是一个迫切需要解决的问题。

（四）实践教学中应用媒体技术不足

目前生物化学专业教学课堂中运用的媒体技术比较单一，涉及的层面不够广。任课教师所使用的教学资源大部分来源于网络，因此，这些教学资源是否适用于此课堂之中的学生，无从知晓。此外，据了解到的情况，有很多教学资源太过于烦琐，整个视频持续的时间过长，包含的知识点过多，这些都不利于学习者对知识的理解与掌握。

生物化学专业教师的动手能力还比较欠缺。教师对于新技术的理论掌握和实践操作都需进一步提高。在关于教师的调查问卷中询问"是否了解'微课'"，绝大多数教师对于"微课"是"了解"和"一般了解"，因此，让教师使用这个新技术就不是那么容易。教师不能仅仅钻研本学科的知识，也要开阔视野，多接受新鲜事物，将新鲜事物运用于教学之中。

二、新媒体技术在生物化学专业实践教学的应用建议

（一）加强教师培训，提高教师应用新媒体技术的能力

1. 开设新媒体技术理论课程，提高教师的理论水平

根据部分高校教师对于新媒体技术了解不足这一情况，可以通过开设新媒体技术理论普及交流会来解决。交流会能够为教师梳理新媒体技术包含的知识内容，从理论层面强化教师对新媒体技术的认识与理解，而后通过教学实例进一步加深教师对新媒体技术的掌握。

以"微课"为例，对理论普及交流会进行设计时可以首先通过理论知识讲解，如"微课"概念、"知识点"（"知识点"可以是教学重点、难点、疑点和考点）、"微课"特征等，帮助教师建立起对"微课"的基本认识。然后对"微课"视频的制作方式、制作流程进行详细介绍。

一般"微课"视频的制作包括以下几种方式：①直接使用拍摄设备录制。利用电子白板或黑板展开教学过程，使用摄像机对课堂教学的整个过程进行实时记录，后期对拍摄视频进行非线性编辑。②幻灯片演示。在设计完成课程的 PPT 课件之后，使用"幻灯片"放映中的"录制幻灯片演示"，逐页录制解说，最后使用文件中的"另存为"功能，保存为 wmv 格式。③使用录屏软件（如 Camtasia Studio）录制 PPT 讲解过程。播放并讲解 PPT 的内容，同时使用 Camtasia Studio 进行录制。④录屏软件与摄像相结合。这种方式的使用范围比较广泛。

"微课"的制作流程应从选题、教案编写、制作课件、实施与拍摄、后期制作、数字反思这六方面入手。要注意"微课"制作过程中的选题、课件、拍摄装备设置、教师讲解这四个方面。与此同时，在制作视频时，勿犯以下错误：①技术不足。如出现机器噪音无法除掉，字迹不清晰。②个人独白。较少与学生交流，学生学习过程较为被动。③缺乏设计。教师照本宣科，没有充分呈现视频的优势。④讲座风格。语调较为呆板、生硬，是面向群体而非个体的教学风格。要通过理论知识培训，增强教师对"微课"的理解。

2. 开设新媒体技术实践课程，提高教师的动手能力

不仅要理解理论知识，还要掌握制作的环节、技巧。在制作"微课"之前，向教师介绍两种制作"微课"的模式。一种是加工改造式，就是在原有视频资源的基础之上，加入教师对于该知识点的独到理解或是对原有知识点的补充；另一种是原创开发式，从字面上就可以理解，是指学科的任课教师自行开发、

设计、制作"微课"资源。以上这两种形式，教师可以根据自身情况以及所带班级学生的具体情况而定。此外，需要着重介绍 Camtasia Studio 这个软件的使用方法。下面以原创开发式为例介绍"微课"制作流程。

首先，教师需要选择一个知识点。

其次，根据现代教育技术中的 ADDIE 模式进行分析，即 ADDIE 分析（Analysis）、设计（Design）、开发（Development）、实施（Implementation）、评价（Evaluation）。在开始制作"微课"视频之前，老师们需要做以下分析：为什么要制作这个"微课"视频，该"微课"的目标是什么，这一节"微课"围绕哪一知识点，要解决什么难题，这一知识点适合什么阶段的学生，等等。分析后，制定较为完善的课程设计，类似于视频拍摄的脚本，将整个"微课"中所涉及的内容以及内容呈现的方式、方法罗列出来，最重要的是通过对此内容的整理，教师能够清晰地理解"微课"的定义，它是"围绕一个知识点有针对性地进行讲解"。

再次，教师需要将确定的教学目标、教学手段、教学设计、授课方式写出来。

最后，采用 Camtasia Studio 与摄像相结合的方式进行制作。教师要根据知识点制作相应的 PPT 课件，利用 Camtasia Studio 对整个教学过程进行录制（包括教师对知识点的讲解等）。同时需要注意的是，教师的衣着打扮要得体。以摄像的形式讲解操作步骤及学生现场操作过程，再用 Camtasia Studio 剪辑成一个流畅、言简意赅、通俗易懂的教学视频，辅助教学。同时，任课教师还需根据生物化学专业学生的生理特征和心理特征，设计出更适合他们接受、理解的实践教学活动。

（二）新媒体技术与实践教学模式有机结合，发挥优势作用

生物化学专业的教师利用新媒体技术制作出来的教学资源要应用于实际的课堂之中。正常情况下每节课是 45 分钟，如何在 45 分钟内使教师能够把整节知识点全部讲完，又能使大部分学生理解、记忆知识点，这是值得研究的问题。

首先，全面认识和理解新媒体技术。它是现代教育技术的新鲜血液，仅仅依靠传统的媒体技术已经不能提高教学课堂的质量，需要与新媒体技术相结合。其次，增加学校的硬件设施的配置。例如，在学生的教室里增添投影仪、电子白板等，有了这些设备，教师就可以利用投影仪为学生播放教学资源，开阔学生的见识，吸引学生的注意力，同时也可以防止学生在课堂上做与学习无关的事情。再次，增加实践教学的课程量。学生只学习理论知识，很难把知识运用于实践之中。增加实践课程就是增加了学生动手实践的机会，同时也是为学生以后能够找到较好工作铺垫道路。最后，教师应该熟练使用多媒体设备，认真准备课程内容，将传统教学与新媒体技术有机结合在一起。

传统教学就是教师拿着课本将每一步的步骤讲解给学生，或进行操作演示，即使这样，也不可能保证现场的每一个学生都能看清楚教师的操作，因此，教师就需要借助新媒体技术手段辅助教学。教师提前写好教学方案，而后将写好的教案拿给专业的拍摄人员，与其沟通，将想要呈现出来的内容告知拍摄人员，进行拍摄，后期剪辑修饰成片。从视频中可以看到教师的讲解和操作过程，教师也在视频里提出问题，使观看视频的学生动脑筋思考问题，这使的教学视频更具意义，整个教学资源时长 6 分钟，符合学生的观看需求。在进行实践课程之前，教师利用投影仪将制作好的教学资源播放给学生，学生们在观看完整个教学资源之后，再听教师的讲解和演示就会更加清楚明白，并且也会有学习的侧重点。

（三）培养学生创新意识，引导学生正确使用网络新技术

1. 培养生物化学专业学生的创新意识

根据建构主义学习理论，学生作为整个教学活动的主体，必须进行主动性学习，具有创造意识。教师需要培养学生的创新意识，从每一件细微的小事做起。激发学习兴趣才能培养创新意识。兴趣是最好的老师，也是发展创新意识的重要条件。只有浓厚的兴趣才能激发学生学习的动力，促使学生充分开动头脑，发挥智慧和创新意识。

俗话说："一千个读者，就有一千个哈姆雷特。"也就是说，对待同一个问题，不同人思考的角度不同，处理问题的方法就各不相同，这同样可以运用到学生的学习之中。在课堂中，教师应该允许学生各抒己见，不应埋没了他们的天分与才能。教师的作用是启迪学生，发散学生的思维，让学生感觉教师不只是他们的老师更是他们的伙伴。从而建立学生之间、师生之间平等、活跃的交流平台，学生通过自己的辛勤努力得到其他伙伴的认可，也得到教师的赞赏，证明自己的存在感与重要性，在教师的启迪与引领下畅所欲言，依靠自己的智慧迸发出创造的火花。

2. 引导学生正确使用网络新技术

现如今，不管是六七十岁的老年人，还是七八岁的儿童，都会使用手机，当然由于年龄上的差异，人们使用的 APP 软件也不同。老年人热衷于使用微信 APP 软件，主要用途是看朋友圈里每日分享的有关生活健康的讯息。在二三十

岁的青年人的手机里，我们会发现形形色色的 APP 软件，包括社交、网购、旅行、视频、游戏、照相、学习、生活、财务等。学生手机里都会有微博、微信等社交软件，多数的学生只是把这些当作聊天的工具，根本没有意识到它们的其他功能。社交软件也是一个学习的平台，可以利用它的即时性和传播性，通过客户端发送学习信息，同时使用其可以转发链接的功能，发送给其他学习者，大家一起共享学习。目前，很多网站都支持微博和微信的转发功能，教师可以利用微信，建立一个群组，将每日的知识点发到群组里，也可以分享与学习相关的文字资料、视频资料。现如今比较流行的是微信公众号，关注一个微信公众号，它就会定时推送信息。学生们可以关注与学习相关的公众号，利用课余时间查看信息，获取有益的知识，提升自身的知识素养。

（四）建设网络资源平台

随着因特网急速发展，网络平台上涌现出各式各样的学习平台，如中小学学习资源平台、高中学习资源平台、大学学习资源平台。每所大学都有自己的网站作为学校对外交流的门户，学校会设专人每日更新学校动态，以及介绍学校的教学成果、科研成果、教师队伍情况、所设置的专业等。学校可以更好地利用门户网站，在网站里设置专栏上传学习资料，由学生线上、线下学习使用，并建立生物化学专业的网络平台，将课程教学资源上传，供学生下载、学习和分享。或是创建一个专门的学习网站，在上面为学生提供注册、查询、预习、复习、测评的平台，而教师可以定期在上面更新教学资源，查看学生的学习进度。

（五）开发生物化学专业的微信公众平台

在开发微信公众号之前，首先要清楚什么是微信公众号。它是开发者在微信上申请的区别于个人账号的应用账号，该账号可与 QQ 账号互通，公众号开发者可以在平台上实现与特定人群的文字、图片、语音、视频等全方位的交流和互动。现如今，随着大众使用微信的热度持续上升，商家投其所好，越来越频繁地利用微信公众号来发布自己的产品信息，提高产品的曝光度。可将微信公众号应用于学习，利用微信公众平台发布非线性编辑"微课"课程资源，让学生通过微信公众号利用碎片时间进行知识点的学习和掌握以及互动交流。微信公众号每日可发布一条推送信息，这也使学生有时间学习和消化当日的知识点。

第三节　生物化学实践教学的"微课"开发与经验

一、生物化学"微课"的设计与开发

（一）选择主题

生物化学是生物化学专业的基础课程，酶学的内容是生物化学三大代谢的基础，影响酶促反应的因素又是该部分的重点内容，与药物代谢、新药研发等临床实际工作密切相关。因此，本节选择"影响酶催化作用的因素"课程为研究对象，举例说明"微课"设计。学生在"微课"教学过程中，可以直观地体会底物浓度的改变对反应速度的影响，同时 PPT 和动画能够帮助学生理解酶的基本知识，再加入生活常见的案例——喝酒，来加深学生对酶的生理意义的认识，达到学以致用的目的。

（二）内容设计

"微课"内容的设计是"微课"教学的关键一步。选定主题后，设计者首先根据教学目标进行教学设计，然后采用相应的技术手段对课程内容进行安排，即对"影响酶催化作用的因素"课程的讲授内容进行合理安排。"微课"设计要激发学生的学习兴趣，使其能够在参与过程中掌握相应的授课内容。而对于"微课"本身而言，要突出其短小、精悍的特点，使所制作的"微课"内容简洁化、格式统一化、界面美观化。

1."影响酶催化作用的因素"设计案例

根据课程主题，将"微课"分为 9 个小片段，共计 5 个方面的主要内容。每一个片段都要对内容进行有效展示。学生通过上一堂课程对于酶促反应的学习，已经了解酶具有可调节性，但是对于这一可调节性的机理认识尚不够。因此设计"微课"时要充分利用学生的已有经验，在学生已形成的酶促反应理论中，引出"微课"的内容，拉近与学生的距离，提高学生的认可度，让学生有继续深入学习的欲望。本堂课程教学的目的在于掌握酶促反映动力学概念，研究底物浓度的改变对反应速度的影响。在这一主题的指导下，"微课"的设计要把握课程的难度，采用说明、图片展示、实例讲解等教学方法呈现教学内容，帮助学生将抽象的内容形象化。

为了使本堂"微课"能够改变传统教学方式的不足，降低学生的认知负荷，在微课程的设计过程中，要坚持简洁、统一、短小的原则。具体而言，"微课"中的 PPT 不采用花样模板而是白底黑字、不添加背景音乐、不添加与教学内容无关的图片，PPT 的汉字统一为宋体、加粗、黑色，英文统一为 Times New Roman、加粗、黑色。从而使得整个"微课"的各个片段都能够格式统一，给学生带来整体化、一致性的感觉。

2.PPT 制作

"影响酶催化作用的因素"的"微课"PPT 制作的首要原则是内容简洁、格式统一。其次，为了使教学重点能够更为显著的体现，在设计过程中还将需要特殊说明或重点强调的地方用红色字体显示，提醒学生注意。利用动画让教学内容分步呈现，减少学生在单位时间里的信息处理量。

（三）脚本设计

"微脚本"就是对"微课"的解释或讲解台词，与话剧表演中的台词或旁白相类似，在视频的录制过程中，由教师进行录音并随着课程的进行而逐渐呈现内容。然而，这些台词和独白并非对 PPT 内容的简单重复或复述，而是根据 PPT 上的内容大纲，利用更为通俗易懂的课堂语言对内容进行表述，使各个相对独立的 PPT 内容进行有效的串联，从而为学生提供一个连续接受知识的过程。

同时，为了使学生在本堂"微课"中能够对主要内容进行思考，并明白所学课程的主要问题是什么，教师可在每张 PPT 的"微脚本"设计过程中，用一句话概括课程所讲的内容，并加上"学会了吗""听懂了吗""掌握了吗"等疑问句，拉近与学生的距离，让学生在轻松的氛围中结束学习。这种"微脚本"的设计可以有效地避免教师在课程教授过程中常出现的口头禅、不协调的停顿、不科学的语句，使得整个视频连贯、清晰、有效。因此，"微脚本"的编写是高效率录制高质量"微视频"的重要准备。

（四）"微视频"录制

"微视频"的录制是"微课"制作、呈现前的重要一环，采用有效的视频编辑设备完成视频的录制，是"微课"投用的前提条件。在"影响酶催化作用的因素"视频录制过程中，可采用泰州市教育局组织开发的"微视频"录制软件，并在该"微课"资源管理网站（http://wsp.tze.cn）上注册账户，进行视频的录制和编辑工作。具体操作流程如下。

（1）打开"微视频制作工具"，系统会自动生成当前的用户名。点击"微视频制作工具"中的"录制"按钮进入录制界面。

（2）将设计好的 PPT 设置成观众自行浏览显示状态栏的窗口放映方式，在观看放映的状态下调节 PPT 界面大小与录制软件的录制窗口一样大，接上高音质话筒，将声音调节成录音的状态，点录制窗口上的"开始"键开始录制，按一定的速度用鼠标控制 PPT 放映的教学内容同时用"微脚本"上的内容进行配音，点录制窗口上的"停止"键结束录制。

（3）此时得到的是 xesc 格式的视频，再利用"微视频制作工具"界面上的"视频编码"将其转换为 mp4 格式，提高视频的画面及声音质量，减小文件占用的空间，便于后续的上传。

二、生物化学专业实施"微课"实践教学的经验总结

（一）影响生物化学"微课"有效性的因素

"微课"作为教育界一个新的研究领域，相关的研究仍处于初级阶段，对于如何进行"微课"的评价更是模糊，因此深入研究影响"微课"应用的原因，对于提升改教学方式在生物化学课程中的应用具有重要意义。为此，本部分对生物化学"微课"应用过程中的影响因素进行了详细分析。

根据 2015 年王泽颖、赵启斯《基于层次分析法的微课评价指标体系构建》中的研究成果可以看出，当前影响"微课"有效应用的措施主要分为选题设计、内容设计、作品规范以及艺术设计四个方面。其中，选题设计是影响"微课"生物化学实践教学效果的内部因素之一。只有保证选题简明、准确以及具有明确的目标，才能使得生物化学"微课"教学达到预期目标。具体而言，"微课"在生物化学实践教学中的选题设计又可分为选题简明性、重点突出性和目标明确性三个方面。内容设计与选题设计对影响生物化学"微课"实践教学效果具有同样重要的作用。内容设计不合理，将造成生物化学教育宣传目标无法达到。内容设计合理又体现在内容科学、设计合理、方法适当、形式新颖四个方面。作品规范性是指"微课"在生物化学教育实践中要保证视频具备短小精悍的基本特征。具体而言，作品规范性又体现在结构完整、技术规范、语言规范、可重用性四个方面。艺术设计是除上述三方面因素外的另一因素，该因素能够保证生物化学教育实践中微课的吸引力提升。优异的艺术设计效果将给学习者带来视觉冲击力和感染力，从而增加学习者的学习兴趣，增强记忆效果。具体而言，生物化学教育"微课"艺术设计又可分为布局合理、风格统一两个指标。综上所述，影响生物化学专业"微课"应用效果的因素包括 4 个主要方面和 13 个具体表现，如图 6-2 所示。

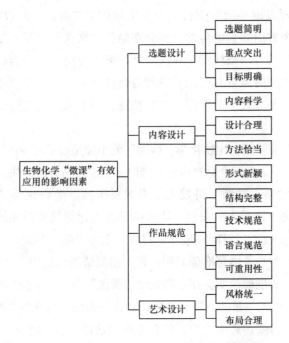

图6-2　生物化学"微课"有效应用的影响因素

（二）生物化学专业应用"微课"进行实践教学的有效措施

1.构建生物化学"微课"精炼的教学过程

生物化学"微课"制作完毕后，要在最短的时间内获取最好的传播效果，则要保证教学过程的精炼性和讲授过程的干练性。其中教学过程的精炼性是为了符合"微课"短小精悍的特征，不占用学习者过多时间和精力；干练性是指授课人要在最短的时间内将"微课"所要表达的生物化学知识传播给学习者。

（1）生物化学"微课"的教学过程要精炼。生物化学微课教学过程的精炼性要求注重"微课"视频在课题的切入、线索的引进以及收尾三个方面做到简洁明了。

首先，切入课题要迅速。由于生物化学微课最基本的特征在于时间短少。因此，"微课"传播过程中不允许在导入环节"摆排场""绕圈子"，课题的切入速度要快。例如，对于不同的人群，生物化学"微课"可以从不同的角度引入课题，对于不同学习阶段的人群，引入课题可以按基本的学习内容进行。同时，引入课题可以从实际问题以及生活现象入手，或开门见山进入课题，或进入课题时设置一个疑问或悬念。不管采用哪种方法和途径，都要求与题目的关系紧密，迅速切题，因为要把较多的时间分配给内容的讲授。

其次，讲授线索要明晰醒目。由于生物化学"微课"的讲授中时间较短，无法实现对各个方面知识的传达，因此在制作"微课"时要求尽可能地保证每一个"微视频"只有一条线索，在这一条线索上突出重点内容，显露出来的是内容的主干，剪掉的是可有可无的举例等侧枝旁叶。为了讲授重点内容，往往需要罗列论据，要在较多的论据中进行精选，力求论据的充分、准确，不会引发新的疑问。

最后，收尾要快捷。生物化学"微课"的小结是必不可少的，它是内容要点的归纳和强调。小结在完全总结内容的同时又要求总结方法的快捷、干脆利落。

（2）生物化学"微课"讲授人的表现要干练。生物化学"微课"教学效果的实现还取决于讲授人的表现，优秀的讲授人能够简明扼要的实现生物化学"微课"内容的传授，同时能够激发学习者的学习兴趣。为此，在生物化学"微课"的讲授人需要具备语言准确简明、板书精简清晰的能力。

首先，语言要准确简明。在生物化学"微课"中，由于受时间的限制，语言的准确简明显得更尤为重要。尽管这在于日常的训练，但在备课的过程中，讲授人可以练习自己将要讲述的内容，结合要说的话语，以及将要采用的表达方式、手势、表情。在语言生动、富有感染力的同时，做到准确简明、逻辑性强。

其次，板书要精简清晰。在生物化学微课教学过程中，部分板书可以提前准备到纸板上，以挂图的形式展示在恰当的位置，这样可以节省时间。无论如何，板书都要做到精简，且使得要点突出、线索清晰。

2.提高"微课"课件设计的艺术性

生物化学"微课"教学课件能充分创造出一个图文并茂、有声有色、生动逼真的教学环境，为教学的顺利实施提供形象的表达工具，能有效地突破教学难点，激发学生的学习兴趣，真正地改变传统教学的单调模式。因此，在设计"微课"的过程中，提升生物化学"微课"的艺术性是必不可少的环节。

首先，要具有美感。一个好的生物化学"微课"课件不仅能激发学生的学习兴趣，取得良好的教学效果，而且能使人赏心悦目，获得美的享受。优质的生物化学"微课"课件是内容与优美形式的完美统一，这就要求在进行课件的设计时，进一步丰富课件的美感。例如，可以在课件中加入动画，选用有效的色彩搭配，凸显课件重点，等等。

其次，合理安排信息量。在制作生物化学"微课"课件时，充分利用认知学习和教学设计理论，根据教学内容和教学目的的要求，有效组织信息资源，提供适度的信息量，有利于突破教学重点难点，扩大学习者视野，使学习者通过多个感觉器官来获取相关信息。合理安排信息量可以提高教学信息传播效率，增强教学的积极性、生动性和创造性。

最后，要容易操作。为了方便教学，生物化学"微课"课件的操作要尽量简便、灵活、可靠，便于教师和学习者控制。在课件的操作界面上设置意义明确的菜单、按钮和图标，最好支持鼠标，尽量避免复杂的键盘操作，避免层次太多的交互操作，尽量设置好各部分内容之间的转移控制，可以方便地前翻、后翻、跳跃。

3. 实现"微课"与其他教学形式的有效契合

由于"微课"教学与传统教学方法有各自的优势和不足，因此，在进行生物化学实践教学时要将两者有机地结合起来，取长补短，这样既能克服传统教学方法传授信息量少的不足，又将传统教学易于师生增强感情、活跃课堂氛围的优势发挥得恰到好处。

（1）课堂学习：传统教学与"微课"相互穿插。据研究，一般人的注意力集中的有效时间在10分钟左右。生物化学教育如果采用传统的课堂板书讲授，会显得乏味，降低学习者的注意力。但是，如果能在生物化学教学过程中穿插"微课"，既可以丰富教学的形式和内容，转换学习者的思维，又可以重新抓住学习者的注意力，提高效率，使整节课的时间均为有效时间。

（2）课后学习：以"微课"作为传统教学的有效补充。生物化学"微课"可灵活应用于多种学习情境，如在线学习、面对面教学或混合学习，学习形态可以是正式学习，也可以是非正式学习，教育层次多样，满足社会大众各种学习需求。很多知识点较难理解，尤其是按传统的教学模式讲授，会更加难以理解，这就可以将其做成"微课"的形式，以供学生课下随时学习。另外，也可以将板书、图形、图表较多的部分，以及工程实践演示部分做成"微课"形式，一方面节约时间、提高效率，另一方面增强教学效果。

（3）随时学习：以"微课"实现随时学习。在改革开放后我国经济加速发展的时代，学生追求个性与自由，接受知识能力强，自我意识及认知强，不再喜欢按部就班的传统教学模式，他们喜欢多样的教学模式、不拘一格的学习形态。因此，课后的随时学习必将受到追捧。"微课"主要以简短的视频形式呈现，发布至相应的学习平台供学习者观看、下载。随着智能手机、平板电脑等移动设备的普及，这种在线视频学习为大众提供灵活自主的移动化网络学习体验。由于微课具有主题明确、短小精悍、占用资源容量小等特点，更适合随时学习。

第七章　行动导向理念在生物化学专业实践教学中的应用

高素质技能型人才的需求推动了高校当今应用类专业的迅速发展，因此许多研究者致力于专业课程的改革，而忽视了基础学科的实际教学过程，尤其是生物化学等应用性较强的基础类学科专业，其教学理念与教学模式都亟待改革。本章将行动导向理念引入生物化学专业的实践教学过程，利用行动导向理念指导教学设计，以提高教学效果。

本章首先对行动导向理念的出现、发展、理论基础、意义进行简要介绍，然后根据目前应用行动导向理念进行实践教学的成果，详细介绍行动导向理念的教学方法、方案设计；最后通过实际教学案例对"行动导向"理念的实践教学过程进行分析。

第一节　行动导向理念的实践教学概述

一、行动导向理念的出现与发展

随着经济的发展，市场结构、劳动组织方式发生了巨大变革。这种变革对劳动者综合素质有了更高的要求，要求劳动者具备通用职业能力，即属于不同岗位、甚至多种职业的技能和知识的能力。很明显，传统的教学方法已不能满足培养现代人才的要求。因此，世界上许多国家根据现代职业能力培养的需求，对高校教学模式、手段等进行了改革。

20世纪80年代，德国学者提出了以培养关键能力为核心的"行动导向型"教学理念，它使高等教育进入了一种新的模式，促进了应用专业教育的发展进程与改革。行动导向理念的适当运用不仅提高学生的学习兴趣，对培养学生的通用职业能力以及综合职业素养方面也有着其独特的优势。

行动导向理念由于对培养技能型人才起着十分重要和有效的作用，所以逐渐被各国应用专业教育所接受并大力推广。这种教育理念与传统教育理念相比有根本性的转变，它要求学生在模拟真实的工作环境中学习，在学习过程中脑、心、手共同参与，进而促进学生行动能力的提升。因此，行动导向理念所需的教学模拟环境的建立被研究人员所重视。近年来，行动导向理念在教学沟通技巧以及各种职业的培训中也得到了广泛的应用。

由于行动导向理念的目标是培养学生的学习能力，让学生在活动中培养兴趣，积极主动地学习，最终学会自主学习，因此行动导向教学在世界各国的应用专业教育中得到广泛的推行和应用。在此教育理念的引导下，许多的具体教学方法陆续被开发和应用，如2003年7月德国联邦职教所制定以行动为导向的项目教学法、被广泛使用的角色扮演教学法等，以及近年来出现的"胡格教学模式"等新概念，都符合并顺应了行动导向理念。

国内学者从1985年开始接触"行动导向"的概念，初期主要是在人力资源管理方面进行应用，直到2002年，科研人员在上海的两所中等职业学校做了"关于行为导向教学方法的研究"，开启了行动导向理念在教育教学系统的应用，并论证了行动导向教学理念在国内职业教育中应用的可行性。同一时期，教育部职业教育中心研究所的姜大源研究员开始对行动导向进行系统研究，从概念方面剖析了教育教学组织的理念转变，引导职业教育教学方法逐渐从以教师讲授为主向学生主动学习转变，引导教师从注重学生的理论知识的存储转向对学生职业能力的培养，深化了行动导向理念的应用。北京师范大学教育学部职业与成人教育研究所的赵志群从2004年开始对行动导向进行研究，为应用专业教育课程在"打破学科体系"后的发展明确了方向，使行动导向理念在达成培养目标的过程中发挥重要的指导作用，确定了以综合能力为培养目标的课程模式。中央教育科学研究所的刘邦祥则对行动导向教学原则要求的教师职业能力建设，以及行动导向教学中学生能力发展的评价进行了系统研究。

德国教育学者们普遍认为行动导向是一种指导思想、教学理念，旨在培养学习者将来具备自我判断能力，以及负责的行为。所谓"行动导向"，不是某种单纯的教学方法，而是旨在帮助学生通过边做边学而体验、理解和掌握知识技能的一系列方法技巧的组合。因此将行动导向作为教学设计的一种指导思想，远比作为一种教学方法更为恰当。

二、行动导向理念的相关理论

（一）行动导向理念的内涵

行动导向理念是指由师生共同确定的行动产品来引导教学组织过程，学生通过主动和全面的学习，达到脑力劳动和体力劳动的统一。也就是在模拟真实的工作环境或氛围中，师生共同协商，确定学习任务和目标，教师引导学生在学习中教、学、做结合，心、手、脑并用，提高学生的学习兴趣，促使相关知识与技能的掌握，促进学生人际交流、团队合作等通用能力的提升。在此理念指导下，学生在学习过程中需要完成以后在工作中可能会遇到的各种任务。为了完成任务，学生会主动去理解、记忆在工作任务中需要用到的相关知识，学习兴趣与学习主动性会大大提高。

教学设计也称为教学系统设计，就是根据教学对象和教学内容，确定合适的教学起点与终点，将教学诸要素有序、优化地安排，形成教学方案的过程。一般包括学习内容分析、教学目标分析、教学对象分析、教学过程设计、教学评价等环节。教学设计的范围可以广泛到一个学科、一门课程的设计，也可以具体到一堂课、一个问题的设计。研究者在研究时以课堂教学为主，所以本书中的教学设计主要是指课堂教学设计。

基于行动导向的教学设计在框架上与普通的教学设计并无不同，主要是在教学设计时，在学习内容分析、学习者分析、教学目标分析、教学策略设计和教学评价设计这几个模块中，综合考虑行动导向理念，创设学习情境，实现学生主体教师、主导。同时，综合考虑任务驱动教学法、引导文教学法、案例教学法、项目教学法、角色扮演教学法这几种行动导向下的教学方法，在教学设计中引入其中一种，以这种教学方法为主，设计教学设计方案。

教学方法是指在教学过程中，师生为了完成教学任务所采用的手段，既包括教师教的方法，也包括学生学的方法。本书中的教学方法主要指在行动导向理念指导下建立的引导文教学法、项目教学法、案例教学法、角色扮演教学法、小组教学法、实验教学法等。

（二）行动导向理念的理论基础

1. 建构主义学习理论

皮亚杰提出的建构主义认为知识并非由教师传授而得，而是学习者在一定的社会文化背景（情境）下，在学习过程中通过与他人（如教师、同学）协作、交流，利用必要的学习材料，通过意义建构的方式获得。建构主义的四大要素可以概括为情境、协作、交流和意义建构。意义建构是整个学习过程的终极目标。学生只有在旧知识、旧经验的基石之上，与新知识、新经验不断地互相作用、对比，才能建构出属于自己的新的经验、知识。在此过程中，情境、协作、交流为意义建构提供了可能性，而意义建构是最终目标。

行动导向教学理念完全符合建构主义的理论。如果采用传统的教学模式，以教师讲授为主，以学生学习为辅，那么学生原有的丰富的经验、知识并未能被利用，无法调动学生学习的积极主动性，学生建构新知识的能力无法得到锻炼，进而会"不用则废"。而在行动导向的教学模式下，在模拟真实的情境中，师生或者生生互相探讨、协作，学生在充分调动原有的知识基础之上，对新知识做出符合自身水平的推测、同化与顺应，逐步形成新的体验或者经验，然后内化为自己的知识、经验，并且锻炼了意义建构的能力，有利于形成良性循环。

2. 人本主义学习观

人本主义学习观的代表人物是罗杰斯。罗杰斯在《自由学习》一书中明确指出："只有学会如何学习和学会如何适应变化的人，只有意识到没有任何可靠的知识、唯有寻求知识的过程才是可靠的人，才是有教养的人。"罗杰斯认为，学习是"形成"，许多有意义的知识或经验并非从现成的知识中学到，而是在"做"的过程中获得的。

所谓在"做"中学，即在学习过程中学会或领会学习的策略。在学习过程中学会的不应仅是知识本身，而应该是同时获得学习的方法或经验，这些方法和经验在日后的学习过程中可以直接运用。罗杰斯的上述思想被称为"学习是形成"观点。

应用专业教育的教学是一种有目标的活动，即强调"行动即学习"。行动导向教学中，学生在学习过程中处于中心地位，教师作为组织者与协调者。师生共同遵循一个完整的行动过程序列，学生在自己动手实践的过程中，习得新的专业知识，掌握必备的职业技能，进而将这些知识经验用于后续的学习中去。

3. 多元智能理论

传统智力理论认为智力是以语言能力和数理逻辑能力整合存在的一种能力。但是许多研究者认为这个定义并未揭示智力全貌和本质，较为狭隘。

从 20 世纪 70 年代开始，研究者就从心理学的不同领域对智力进行了重新检验。耶鲁大学心理学家罗伯特·斯滕伯格提出了智力三元理论，他认为智力包括成分、经验和情境三个部分。20 世纪 80 年代，哈佛大学心理学家加德纳提出了多元智能理论，他认为每个人身上独立存在着与特定认知领域或知识范畴相联系的七种智能。多元智能理论认为每个人聪明的范畴和性质呈现出差异。用普通院校的考核标准去衡量职业院校的学生，结果职业院校学生的成绩不甚理想，因为用同一种标准考核评判所有学生的智能发展，显然是不科学、不公平的。

教师在教学过程中应改变陈旧的学生观，用赏识的、发展的眼光去看待每一位学生；应重新定位教学观，考虑学生个体差异，因材施教；应改变教学目标，根据学生的具体情况来制定最适合每个学生的学习目标。

在行动导向教学模式下，学生有充分展示自我的机会，教师能重新认识、发现每个学生的闪光点，并加以引导和挖掘，促进每个学生最终成才。在交流、协作中，教师可以发现学生差异，正确对待这些差异，同时根据学生的差异，促进不同学生潜能的开发，运用多样化的教学模式激发学生的学习兴趣，以期每个学生都成为优秀的自己。行动导向教学模式促使教师采用多种策略和手段改进教学的形式和环节，采用灵活多样的教学方法诱发学生的好奇心、求知欲、学习兴趣。通过开展丰富多彩的学习活动，吸引各种兴趣类型的学生参与，进一步把学生的其他兴趣迁移到学习上来。如采用小组合作学习和讨论有利于语言智能、人际智能的培养，使学生的主体地位更加明显，实现"为多元智能而教"的目的。

三、行动导向理念对生物化学专业实践教学的重要意义

生物化学课程是生物化学专业的基础课程之一，其内容、知识范围介于基础课和专业课之间，在基础课与专业课之间起桥梁与纽带作用，为专业课程学习奠定必要的基础知识。生物化学课程既强调理论知识的学习，也强调基础实验操作的学习和动手能力的培养；既有其学科自身的特殊性与体系性，又与专业课紧密相连，具有基础性。因此，对生物化学课程知识的掌握和运用，直接影响到学生后续专业课程的学习，间接影响了学生最终从事专业工作的能力。

受文化基础课程教学模式的影响，专业基础课的教学模式通常采用传统的教学模式，以教为主，以学为辅。学生的学习积极性无法提高，自主学习的能力无法提升，学习的效果也不理想，为后续专业知识的学习造成了严重的障碍。而职业教育专业课程的教学模式往往以德国行动导向理念为指导，创设模拟环境，以学生主动学习为主体，教师讲授为主导，事半功倍。

将行动导向理念引入生物化学的教学设计中，采用适合学生多元智能发展的行动导向教学模式，不仅使学生掌握生物化学的基础知识，进而在后续专业

课与专业工作中进行应用，而且在生物化学课程的学习过程中激发学生的学习兴趣，培养学生的学习习惯，提升学生的学习主动性。将行动导向理念引入专业基础课程生物化学中，为不同特点的教学内容配置合适的基于行动导向理念的教学方法，制定出相应的教学设计，并将之应用于课堂教学实践，确保学生真正掌握生物化学重、难点，在提高学生学习成绩的基础上提升学生的学习能力及学习兴趣。

第二节　行动导向理念的实践教学设计

　　教学设计是教学理论向教学实践转化的桥梁。行动导向教学理念必须借助教学设计，对教学的本质、规律进行理解应用，最终转化成一系列的方法与手段，结合学校的实际情况与学生的实际情况，通过教学实践方能发挥其实际作用。因此，教学设计是行动导向教学理念最终转化成教学实践的中间桥梁，教学设计的应用是教学理念得以推广应用的实践基础。

一、行动导向理念实践教学设计的原则

（一）建构主义原则
　　建构主义作为行动导向理念的理论基础，同样指导着教学过程。建构主义强调以学生为中心，认为学习是在一定的情境下，借助教师或者同学的帮助最终实现意义建构，因此建构主义理论将学习情境、学生协作、会话讨论、意义建构作为学习环境的四大组成要素。

　　在此理论指导下的教学设计应用，应体现出情境的创建，以学生协作以及交流讨论作为学习的主要形式，充分发挥学生的主动性、创造性，以期实现学生的意义建构。

（二）学教并重原则
　　建构主义原则强调学生的主体或者是中心地位。也有不同的研究者提出了以教师为中心的教学原则。传统的教学过程多体现为以教师为中心，现代的教学过程多强调以学生为中心。比较这两种教学过程，可以发现两者的不同以及各自的优缺点。

　　以教师为中心的教学过程将教学目标制订作为教学的核心，强调教师的作用，通常采用教学媒体将知识单向传递给学生，并且以学生是否达到了学习目

标为主要评价内容；以学生为中心的教学过程将意义建构作为教学核心，强调在情境创设、自主学习、协作学习的过程中知识的双向、多向传递，并且以学生的学习过程作为主要评价内容。

通过上述分析可知，这两种教学理念截然不同，教学结构、教学方法也均不相同。曾经有段时间，教育界对以学生为中心的教学过于追捧，忽视甚至全盘否定了以教师为主体的教学形式的所有优点。有些研究者认为这两种教学过程各有利弊，并不对立。在当今国内教育环境下，强调学习目标的达成仍然是主要的思路。以教师为中心的优点是能发挥教师的主导作用，弥补以学生为中心时容易偏离教学目标的缺点；以学生为中心的优点是能够充分发挥学生的主动性与积极性，培养学生的创新能力。两者可以互相结合，取长补短，即在行动导向理念下指导的教学过程应该体现出学教并重的形式：在教学过程中，让教师成为主导者、促进者、协助者，学生作为学习的主体，利用各种媒体、多种渠道获取知识信息，成为知识意义的建构者。近年提倡的以教师为主导、以学生为主体的教学原则。

（三）目标定向原则

关于教学目标的定向，布鲁姆提出了掌握学习理论，他认为学习可分为准备和实现两部分。在准备部分，教师与学生都应该树立必胜信心，教师确定需要掌握的内容、目标和评价准则；在实现部分，教师要帮助学生掌握学习的一般程序，使学生适应学习的方法，教学生如何掌握学习内容。

巴班斯基提出了教学过程最优化理论，师生所处的教学环境、教学原则应该与社会需求对接，以此为依据制订教学方案，在教学过程中灵活执行，以期培养出符合社会需求的劳动者。

行动导向教学的目的主要是让学生成为课堂的主体，在行动的过程中获得知识，能力得到锻炼，综合素质得到提高。因此，在教学目标定向时，要遵循知识目标、能力目标、素质目标并重的原则。

二、行动导向理念实践教学设计的过程

行动导向理念虽然已经被职业院校广泛采用，但是大部分教师仍然只会套用具体的教学方法，对理念本身理解不透彻，因此在应用过程中，即使按照教学设计按部就班地操作，也不一定能收到预期的效果。因此，具体如何将教学设计应用于教学实践，使教学活动符合行动导向理念是关键问题所在。现将实践应用的具体过程分成应用的前、中、后三个时期，要求"两个权利、一个义

务"，以利于说明基于行动导向理念的教学设计如何具体应用于教学实践。

（一）应用前，学生有"知情"的权利

行动导向理念下的教学，行动是一个框架，知识体系不是教师从外部输入的，而是学生在框架内建构生成的。为了促使学生知识的建构，学生要对整个行动体系有明确而深入的认识。因此，行动导向的教学目标通常要求师生共同确定，但是考虑到生物化学专业学生的实际情况，教学目标通常是由教师自行确定的。所以，在教学实践过程中，学生仍然处于比较"盲目"的状态，没有"知情权"，这与行动导向理念相违背。因此，教师在应用行动导向理念进行教学时，首先要在条件允许的范围内，让学生对将要学习的知识、将要采取的学习方式有明确的认识。

例如在"蛋白质的结构"引导文教学设计方案中，教师的准备工作除了准备好引导文外，还应该事先告知学生课前准备好铅笔、橡皮、直尺等图画工具，预习"蛋白质的结构"这部分内容，并且强调上课时会采用新的教学方法，给学生以期待，激发好奇心。如果引导文教学法是第一次使用，则应该在课堂留有充足的时间，现场发放引导文，并做说明；如果不是首次使用，则应该在课前发放引导文，以利于学生预习、查阅相关资料。

同样，行动导向理念对教师也提出了较高的要求：当应用自己的教学设计时，教师应该做好上课前的一系列准备工作，小到一份材料，大到整个教学情境，都必须做好充分准备并设计备用方案，以做到有备无患；当直接运用他人的教学设计时，教师更应该深入学习探究教学设计背后的理念与策略，使教学过程符合整体设计思路，达到预期目标。

（二）应用时，学生有"自由"的权利

在传统的教学模式中，教师的地位不可动摇，学生尊敬教师的表现之一是对知识的全盘加纳，教师传授的知识不容置疑。在现代教育中，这种模式的弊端已被纠正，强调师生的地位平等，教师应该像朋友一样帮助学生。但是，在教学过程，学生仍然被局限在课桌前或实验台前整堂课"保持安静"地进行学习。行动导向理念鼓励学生"行动"起来，为学生争取更多的"自由"空间。

例如在"酶的性质"实践教学设计过程中，要求学生自己配制实验必需的简单试剂，再加上学生的讨论以及手机上网查阅资料，这一课给实验辅助教师留下了"深刻"的印象：学生在实验室里的活动不再是整齐划一、按部就班地进行实验步骤，而是有的围成一堆讨论，有的寻找试剂，有的追着老师不停问，有的拿着手机上网，课堂毫无秩序可言，学生十分"自由"。在这种氛围

下，学生仍然忙中有序地完成了实验，得出了结论，进行了展示汇报与课堂评价，体现出了既自由又自觉的良好课堂氛围。如果教师强制营造安静的学习氛围，学生活泼好动的天性会被压抑，表面的安静换来实际的思想不集中。行动导向理念巧妙地运用"行动"释放学生的天性，让学生自由地学习，充分发掘学习的潜在能力，提高学习的效果。如果教师担心课堂纪律失控，可以在小组内安排"纪律组长"，必要时暗示组长即可。

需要强调的是，在实验过程中，教师要注意学生的安全防护，手套与口罩必不可少，这些综合因素都对教师教学提出了更高的要求。

（三）应用后，学生有"提升"的义务

在行动导向的教学过程中，学生收获了知识与"自由"，课后的及时复习、总结与提升也是行动导向教学中不可或缺的环节之一，因此，学生在课后有对所掌握的知识进行"提升"的义务。情境性原则教学的"行动"体系框架，是强调知识应该为实践应用服务。学生的知识在课后应该用于指导生活实际，同时学生也能加深对所学知识的理解、记忆。

例如"脂肪分解代谢"的案例教学，在作业中出现了"课后讨论如何健康减肥"的题目。这样的题目令学生非常感兴趣，而且在日常生活中经常可以用到，学生在和亲友的接触过程中可以讲清楚减肥的原理，也是对知识进行了一次复习。另外，在维生素的知识讲授完毕后，学生课间在教室的南侧站成一排晒太阳，并且很开心地对老师说他们是在"补钙"，这是掌握了维生素 D 相关知识非常清晰地掌握了的表现。学会知识并用于生活实践，这正是行动导向理念教学的终极目标。

综上，行动导向理念下的教学设计在应用于教学实践时，师生应该首先对教学目标有充分的了解，教师做好课前准备，学生做好课前预习。在课堂教学过程中，教师应该给学生自由学习、建构的空间与时间。课后学生能将所学知识用于实践指导，对所学知识进行复习巩固。由此可知，行动导向理念下的教学设计应用于教学实践时，能对学生课前预习、课后复习的习惯进行培养，也能充分调动学生学习的积极性，还能对学生理论联系实践的主动性进行引导。

三、行动导向理念实践教学设计的注意事项

行动导向理念下的教学设计遵循了教与学的认知规律，遵循了现代教育的"快乐教育"原则，为实现学生习得知识、提高能力、终身学习等的和谐发展，在教学设计应用过程即教学实践中要注意以下几个方面。

（一）学生在学习过程中主动参与

行动导向指导的教学过程改变了传统的教学方式，通过创造条件、创设情境让学生积极主动地参与教学过程，充分发挥个人的特长，主动去探索，积极去实践，进而完成学习目标。学生在行动导向指导的教学过程中主动学习，通过解决问题、完成既定工作任务体验到学习的快乐感、成就感，在课堂中"流汗"，从而找到适合自身的学习方法，进而不断提高自身的学习能力，为终身学习打下基础。

（二）学生在学习过程中合作互助

在行动导向教学过程中，多种教学方法常要求学习过程以小组形式开展，学生之间的合作互助是学习能够圆满完成的基本条件。在合作学习过程中，同组学生互相辅助，互相学习，与教师进行交流互动，共同完成一个目标，体验到学习的快乐、互相尊重信任的可贵，对学生情感的建立、能力的培养都起到了积极的作用。

（三）教学过程的完整统一

应用专业教育应使学习者的客观结构和认知机构，即客观世界与主观世界两个范畴得到双重开发，为其提供经历完整工作过程的机会，完成包括咨询、设计、决策、实施、检查和评价等六环节的完整工作步骤。也就是说行动导向教学要求"完整的行动"，即要求教学过程与工作过程相统一。教学过程中应按照教学设计的每一个教学阶段进行实践，这要求在教学设计中充分考虑各个阶段学习时间的统筹安排，也对教师在教学过程中的整体掌控能力提出较高的要求，不能让设计好的工作任务有头无尾或者虎头蛇尾。也就是说，在教学实践中，学生应在模拟真实工作环境中完成相对完整的学习内容，感受到真实的工作状态，学到实用技能知识。

（四）教学评价的多元客观

教学评价（包括考试）既可能阻碍教学改革，也可以转化为促进教学改革的有力抓手，关键就在于如何设计和组织教学评价。行动导向教学要求在评价方式、评价主体上都是多元的、客观的。行动导向学习过程中，可以用来评价学生的因素是多种多样的，可以是课后作业，也可以是小组活动。相对完整的评价要包括学生在学习活动不同阶段的表现，既要对学生知识、技能的掌握情况进行总结性评价，还要对学生学习过程中的行为表现进行过程性评价。评价主体除了教师外，还应鼓励学生自评、学生之间互评，促进学生对学习过程及学习结果的总结和反思，改善自身的学习方法，进而帮助教师更好地优化教学过程。

四、行动导向理念对实践教学模式构建的作用

（一）行动导向理念有助于学生学习现状的改变

高校应用型专业学生的学习现状不容乐观：学生的学习兴趣普遍不高，学习习惯未能养成，学习主动性较低，学习成绩不理想。行动导向理念符合职业教育的内涵和要求，行动导向的各类教学方法均适合应用于应用专业教育中，行动导向指导下的教学设计在教师的恰当应用下，能够起到激发学生学习兴趣、培养学生简单的学习习惯、促进学生学习主动性等效果。

（二）行动导向理念可推广应用于生物化学等专业基础课程

学生学习积极性在新入学的学习初始阶段较高，新的教学方式可以极大地激发学生的学习兴趣。但是绝大部分专业基础课教师仍沿用传统的教学模式，对课程的改革力度不大，导致学生新鲜感很快被磨灭，不利于学习兴趣的保持与增长。如能将行动导向理念推广应用于专业基础课程，让学生尽快适应此种教学理念下的各种方法，不仅能够提升学生学习的积极主动性，也能顺利适应后续专业课程的教学模式。这当然需要学校、教师、学生的通力配合方能完成。

（三）行动导向理念对专业基础课程的教师提出了更高的要求

行动导向教学对教师的课前准备、课中随机应变、课后总结归纳都有较高的要求。教师访谈时，部分教师对行动导向理念应用于生物化学持怀疑态度，原因是这部分教师认为生物化学知识无论是在高校教育中还是分散于初中、高中的生物学中，都强调学科型知识的系统性、完整性。但是，生物化学许多知识都与日常生活密切相关，都能用"行动"引导出相关知识。所以，关键问题在教师的理念转变。行动导向理念在专业基础课程中的应用还是取决于教师自身的认知与综合能力。

因此行动导向教学理念目前系统应用仍存在一系列的困难，教师理念的转变、教学设计的完整开发、教材的适用性较差等问题都亟待解决。

总之，行动导向理念符合应用专业教育的规律，可以系统应用到基础课的教学设计中，有利于提高学生的学习效果，能提高学生对生物化学课程的学习兴趣，并促进学生学习的主动性、积极性，培养学生基本的学习方法，实现终身学习。同时行动导向理念对教师提出了较高的要求，尤其是在课程知识的重新整合与设计方面要求更高。

第三节　行动导向理念下的生物化学教学设计

一、行动导向理念的实践教学方法

教学设计中，教学方法的使用恰当与否对教学效果能否顺利达到起到了至关重要的作用。

传统的教学方法以教师讲授为主，单一的讲授也较为枯燥乏味，教师十分辛苦；学生以被动听讲为主，信息是从教师向学生单向流动，学生处于被动地位，学习兴趣难以得到激发。行动导向理念下的教学方法以学生为主体、教师为主导，打破了以往的常规教学模式，在应用专业教育中得到了广泛的应用，但在专业基础课程中较少涉及。目前，行动导向理念指导下的教学方法一般包含任务驱动教学法、引导文教学法、案例教学法、项目教学法、角色扮演教学法。下面对这几种教学方法进行简要的介绍与分析。

（一）任务驱动教学法

任务驱动教学法是指教师将教学内容设计成一个或多个具体的任务，让学生个人或者团队通过边学边做完成任务，从而掌握教学内容，实现教学目标，培养学生分析问题、解决问题、团队合作等能力。

任务驱动教学法一般可以分成五个教学阶段进行（图7-1）：提出任务、实施任务、成果展示、巩固拓展、总结评价。在提出任务阶段，教师通过讲述让学生了解需要完成的工作任务，引出新知识，激发学生的学习兴趣；然后学生以小组合作的方式，探讨完成任务的方法，通过回忆、查阅相关资源、与老师进行沟通交流等方法实施任务；接着学生将任务的成果进行展示、汇报；针对汇报展示的特殊问题，教师可以个别辅导，共性的问题可以采用集中点评的方法进行指导，以期实现巩固拓展的目的；最后学生与教师对任务成果进行总结评价。

图7-1　任务驱动教学法的步骤

任务驱动教学法适用于培养学生的专业知识与技能，当学生在学习排序较前的单元时，专业知识与技能相对欠缺，较难独立完成复杂任务，适用于任务驱动教学法。

（二）引导文教学法

引导文教学法是德国奔驰公司为了提高学生独立工作的能力而开发出的教学法。一般是由教师精心设计的引导文字来引导学生独立自主学习。引导文一般包括学习目标、引导问题、信息来源、必要的资料等。学生通过阅读引导文，可以明确需要完成的任务，在教师的指导下循序渐进地完成一系列学习任务。这种教学方法让学生成为学习的主体，教师担任顾问的角色，培养了学生学习的主动性，增强了学习的成就感。需要注意的是，在引导文教学法中，引导文的质量、工作任务难度的设计以及教师的指导都对教学效果起到十分重要的作用。在教学过程中，教师一定要承担起指导的责任，否则引导文教学法只能是一种自学方法而不是教学方法。

引导文教学法类似于任务驱动教学法，注重培养学生对专业知识的掌握能力，适合排序较前、理论知识较多的学习内容。

（三）案例教学法

案例教学法是指以案例为载体，教师对学生进行启发，学生对案例进行思考、讨论，养成自主学习、探究式学习、合作学习的习惯，在培养发现问题、分析问题、解决问题等多方面能力的同时掌握新的知识。案例教学法包括提出案例、获取信息、分组研讨、制订方案、选择方案、制订计划、实施计划、结果评判等阶段。在此过程中，教师应引导学生全身心投入到学习过程中去，不同学习小组会提出不同的方案，在对方案进行选择的过程中，也对学生的决策能力进行了锻炼。

因此，案例教学法主要培养学生分析问题、解决问题以及做出决策的能力，当学生的综合能力较强时，可运用这种教学方法。

（四）项目教学法

项目教学法是师生为共同完成一个项目工作而实施的教学活动，以学生为主体，以教师为主导，以项目带动教学。实施项目的过程就是学生学习知识、掌握技能的过程。项目教学法通常是由教师提出一个项目任务，学生一起参与讨论，确定项目的目标以及为实现项目目标所需完成的各项子任务。在教师的指导下，学生针对项目目标与子任务制订工作计划，确定实施步骤以及实施程序。在完成计划的基础之上，按照工作计划进行分组工作，完成整个项目。接着师生共同对各组项目结果进行评价，同时学生针对实施项目过程中出现的问题，总结处理办法及经验。最后将有价值的项目结果进行存档或应用。

项目教学法对综合职业能力的培养起到十分重要的作用，适合排序靠后的学习单元，当学生具备一定的分析问题、解决问题的能力，能够基本独立完成工作任务时，比较适合采用这种教学方法。

（五）角色扮演教学法

角色扮演教学法广泛应用于服务类专业的教学中，在角色扮演或者观察的过程中，体验角色的内涵。角色扮演教学法中，先由教师明确学习任务，教师担任"导演"职务，学生通过角色扮演，体验职业的环境，观察者做好监督或者观察记录的工作，扮演完毕后，针对关键问题和步骤进行讨论、分析，也可根据实际情况引入新场景或调整角色，再次进行角色扮演，最后针对出现的共性问题进行总结，提出解决问题的通用方案，促进知识向能力的转化。

这种教学方法侧重于体验职业场景，感悟角色内涵，锻炼了学生的交流沟通能力，同时，教师对整个课堂的掌控能力也必须较高，否则会流于形式。

综上所述，行动导向下的各种教学方法通常具有以下特点：学生作为主体，教师起到主导的作用，而非传统教学中的统治地位；行动导向的教学以学生的综合能力发展为目标，因此教学方法都应该体现促进学生全面发展这一理念；行动导向教学以激发学生的学习兴趣为主导，在教学过程中应以学生主观兴趣为导向，引导学生自主分析问题、解决问题；行动导向教学以实施任务、完成任务为目标，因此学生要互助合作，以共同的任务目标为行动的指导。不同的教学方法有各自的适应性，在实际应用中可以依据教学内容、教学资源、学习者特点等进行选择。

二、行动导向理念的生物化学实践教学设计的要素

行动导向理念下的教学设计是在教学设计过程中融合行动导向的理念。目前从世界范围看，教学设计领域流派纷呈。有学者认为，对教学设计过程分类，有利于人们抓住繁多模式中的基本结构与主要特点。从理论基础和实施方法来分析，目前国内外的教学设计可分为"以教为主"的教学设计模式、"以学为主"的教学设计模式和"教师主导、学生主体"的教学设计模式（"主导－主体"模式）三大类。而行动导向理念下的教学设计大多都是"主导－主体"模式，也称为"双主"模式。"双主"模式下的教学设计过程可以分为分析、设计、评价三个阶段。其中分析阶段包括学习内容分析、学习者分析、教学目标分析，设计阶段包括教学策略设计，评价即为教学设计评价。下面将对学习内容分析、

学习者分析、教学目标分析、教学策略设计和教学评价设计等五个要素进行分析研究，探索行动导向理念的应用途径。

（一）对学习内容的分析

学习内容是指为了达到学习目标，学习者需要学习的知识、技能等内容的总和。学习内容的分析是为了明确学习内容的广度与深度，确定学习内容的范围；揭示学习内容中各个知识点、技能间的关系，确立学习内容的层次。

学习内容的分析过程因学习内容不同或者学科不同而不同，但学习内容的分析过程基本上可以分成以下几个步骤：首次评估学习内容、学习内容的具体分析、再次评估学习内容。

学习内容的分析方法常用的有归类法、图解法、层级法、结构法等等。其中归类法被教师采用较多，即首先理清教材的知识体系，然后确定知识点，最后确定重点难点。

通常学习的内容还可以通过学习需要进行分析。学习需要是指学习者学习的当前状况与所期望的状况之间的差距，也就是学习者目前的水平与教学目标之间差距。教学需要的分析是教学设计的起点，只有深入了解、分析教学中的问题与需要，才能为后续阶段打下坚实的基础，才能有效地利用现有的教学资源，才能使教学设计有较强的针对性。

考夫曼等人提出了学习需要分析的系统方法。根据分析学习需要的参照系的不同，可以将学习需要分析分为内部参照需要分析法和外部参照需要分析法。

内部参照需要分析法是指在教学组织结构内部，将教学目标与学习者的学习现状进行比较，找到差距，进而确定学习需要。在我国，教学目标通常体现在课程标准中。这种分析方法适合在普通学院、职业院校中进行学习需要分析。

外部参照需要分析法是根据社会或者职业的要求来确定学习目标，进而分析学习者的现状，找到差距，确定学习需要，这种方法更加适合职业院校的专业课程。

行动导向理念下的教学分析首先要分析在当前教学中存在的问题，以实验学校生物化学专业的教学为例：首先，生物化学教学目标在课程标准中制定得比较明确，但是学习者较少能达到课程要求，即教学目标与学习者能达到的程度之间存在差距。其次，教师采取的多媒体教学手段、教学方法等教学策略也收效甚微，即教学策略有效度较低。再次，教学过程中以讲授为主的模式也在学生注意力不集中、课堂纪律涣散等干扰下进行得十分艰难，即教师采用的信息传送方法收效较小。此外，就以往的经验来看，生物化学的学习无法让学生获得成就感，在学习上的挫败感使学生缺乏继续学习、克服困难的勇气，进而失去学习的兴趣，产生厌学的心理，这种厌学的心理进而使学生会产生新的挫败感，形成了恶性循环。另外，生物化学作为专业基础课，大部分学生没有必要掌握全部的艰难晦涩的知识，能为后续的专业课提供基础知识即可，但是反观课程标准规定的学习内容，与高职班区别极小，难度过高，对于缺乏学习兴趣的学生来讲，难度过高的知识只能带来厌学心理。最后，生物化学的内容有一部分是建立在有机化学的基础之上，学生对有机化学的恐惧之情多少也会影响生物化学的学习动力，即对学习者的起点分析一定要正确，才能设计出合适的教学系统。

根据以上分析可知，实验学校生物化学的教学存在一系列问题，对于这些问题的分析，有利于解决目前教学中存在的一系列问题，为后续的教学设计过程也指出明确的方向。

因此，行动导向下的学习内容不能一味追求知识的掌握，应从学生实际出发，界定学习的范围，由浅入深，由简到繁，激发学生学习的积极性，引导学生主动学习。

（二）对学习者的分析

对学习者进行分析是为了了解学习者的认知发展特点、学习动机、学习习惯和学习起点等各方面的情况，为后续的教学设计提供依据。

在对学习者认知发展特点的分析中，具有广泛而深远影响的是皮亚杰的认知发展阶段理论。他把儿童的认知发展过程分为四个阶段：感知运动阶段、前运算阶段、具体运算阶段、形式运算阶段。职校学生基本处于青少年时期，也就是属于形式运算阶段。在这个阶段，学生的抽象思维水平有较大提高，即形成了思维能力，能运用逻辑推理解决问题。但是皮亚杰还指出，儿童在各个阶段出现的特征会因个人差异、社会环境不同而出现差异。职校学生的抽象思维能力普遍发展比较迟缓，因此行动导向理念下的教学设计应将具体事物作为基础，引导学习者的思维向抽象思维转化，进而认知抽象事物。

学习者的学习动机与学习效果互相促进，学习动机较强可以提升学习效果，学习效果较好也可以增强学习动机。但是学生的，学习动机主要来自日后进入社会找到理想工作，但是目前的学习与理想之间差距加大，无法直接转化成学习动机，因此课堂上学生纪律涣散、注意力不集中等问题频频出现。行动导向理念要求创设学习情境，把学习任务由"掌握知识"转变成"完成工作任务"，符合学生的学习动机，能较好地激发学生的学习兴趣。

不同学习者的学习习惯不同，导致接受不同渠道、不同环境中的信息的速度、质量存在差异，因此许多学者提倡因材施教，但是目前在国内仍然较难实现。事实上，对于职校学生来说，许多学生的连最基本的学习习惯都没养成。因此在行动导向理念下的教学设计中要训练学习的基本形式，即课前复习、课后复习的习惯。

学习者的起点是指在学习新内容前学习者已经具有的学习准备状态。学习可以分为知识、技能等方面，学习的起点同样可以从知识、技能等方面进行分析。如果在课堂上完成分析后才发现起点较低的话，基本已经没有时间来进行回顾弥补，因此，行动导向理念下的教学设计应在教学过程开始之前让学生通过复习进行查漏补缺。另外根据实验学校学生的调研可知，学生还渴望参与到教学过程中来，可以在课堂设计中将知识回顾复习的内容让学生进行总结、讲述，这样也可以检验学生的预习情况。

根据以上分析，对学习者分析四个方面的问题都应该在教学设计中考虑周全，符合行动导向理念的教学设计也能较好地满足学习者的需求。如果在教学设计过程中只是一味追求知识的掌握，追求教学手段的先进，并不能从根本上解决学习者目前存在的问题。

（三）对教学目标的分析

教学目标是指教学最终要达到的结果，是人们对教学的一种期望，它描述了教学活动结束后，学习者应该达到的行为状态和学习结果，即学习终点。通过上述对学习内容和学习者的分析，基本明确了教学对象的学习起点和学习者所要掌握的内容，学习的终点自然就清晰了。作为规定教学方向的指标，教学目标被教育者高度重视、深入研究。一般可将教学目标分成认知、技能、情感三个领域。

认知领域的学习目标包括知识的学习和智力的培养。布鲁姆把此领域的目标分成六级，如图7-2所示。

知道 ➡ 领会 ➡ 应用 ➡ 分析 ➡ 综合 ➡ 评价

图7-2　认知领域教学目标层次

情感领域的目标因为涉及人的内部心理情感反应，不容易设计。克拉斯伍提出的分类层次如图7-3所示。

接受 ➡ 反应 ➡ 评价 ➡ 组织 ➡ 个性化

图7-3　情感领域教学目标层次

在应用专业教育中，通常把认知、技能、情感三个领域对应描述成知识目标、能力目标、素质目标。以往应用专业教育主要侧重于技能方面的教育与训练，知识与素质通常作为基础而不被重视。但是近年来，人文知识、基本素养对职校学生的终身影响被越来越多的研究者重视，因此，这三方面的目标在教学设计中缺一不可。行动导向主要是期望学生在"行动"的过程中获得基础知识、锻炼技能、培养情感，因此，在行动导向理念下的教学设计中，某部分内容的学习可能会涉及不同的领域，这需要明确描述教学目标，使教学目标精确、具体、可观察、可测量。

（四）对教学策略设计的分析

教学策略设计是综合考虑教学过程中的各个要素，并将这些要素依据一定的教学情境有效地组织起来，以利于教学顺利实施的总体方案。教学策略的设计涉及许多方面，下面将从学习环境、教学媒体、教学方法三个方面阐述行动导向理念下的教学策略。

1. 学习环境设计

学习环境又称教学环境。目前对于学习环境的定义仍未统一：教学论认为学习环境是物质因素的组合，建构主义认为学习环境是支持学习者进行建构性学习的各种学习资源的组合，还有观点认为学习环境是学习资源和人际关系的组合。

对于行动导向理念下的教学设计来说，学习环境还应该包括学习的情境创设。因此，学习环境是利用学习资源创设出一定的学习情境与师生人际关系的组合。

对于应用专业教育来说，学习环境与普通高等教育应该存在一定的不同。职业教育的学习资源除了基本的学习资料与认知工具外，还应该包括实验室、一体化教室、仿真实训室和校内外实训基地等等。尤其是对于行动导向教学来说，要求教学场所体现职业性，或者至少能模拟真实的工作场景，又同时能实施基本的教学活动，因此一体化教室是最基本的学习环境之一。当然，如果具备校内实训基地和校外实训基地，能在其中进行教学学习则更加理想。

行动导向教学理念下教学环境的设计不仅要对教学的素材、空间进行确定，也应该重点分析教学环境如何创设、师生以及生生之间如何交流互动。学习环境的创设应能让学生融入模拟的工作环境中，帮助学生从具体的、客观的实践中转化出抽象的知识，激发学生的学习兴趣与成就体验，同时能够促进师生、生生间的交流与合作，进而有利于学生自主学习能力的提高，培养自身的职业能力，有助于教学目标中素质目标的实现。

2. 教学媒体设计

教学媒体是指在教学过程中能储存、传递教学信息的中介或者载体。传统的教学媒体包括教材、黑板、挂图等教学工具，现代的教学媒体包括投影、电脑、录音带、唱片等硬件、软件形式。不同的教学媒体有不同的特点，也有各自的优缺点，没有任何一种媒体适合所有教学。因此，对于不同的教学内容、目标、过程、对象而言，应该选择不同的教学媒体，以发挥教学媒体的优势。适当应用教学媒体能激发学习者的学习兴趣，吸引学习者的注意力，促进知识的理解与记忆，甚至能提供自我评价的机会，最终起到辅助教学的作用。行动导向理念下，仿真软件、多媒体、"微课"、网络课程等教学媒体应用较广。但是如果采用并不适合的媒体，往往会适得其反。例如，多媒体目前在各大院校应用十分广泛，但是一些逻辑性较强的课程并不适用，比如数学、物理，比起PPT展示，教师直接写在黑板上的推导过程更能加深学生的印象，促进记忆。所以，只有选择了适合的媒体，才可能取得期望的学习效果。

3. 教学方法设计

教学方法的设计恰当与否，是教学目标能否实现、教学过程能否顺利开展的重要前提。教学方法既要包括教师的"教"法，也要包括学生的"学"法，是"教"与"学"的双边活动。

依据上文所述，行动导向理念下的教学方法一般包含任务驱动教学法、引导文教学法、案例教学法、项目教学法、角色扮演教学法。各种教学方法各有优缺点，各自的适用范围也不同，但是并无优劣之分。教学贵在"得法"，而且"教无定法"。因此，在实际的教学设计过程中，具体采用的教学方法还要根据教学目标、教学内容、学习者的特点、教师的特点、教学条件等各方面因素综合考虑。

此外，在教学过程中，要根据实际情况灵活选用一种到几种教学方法。同时采用几种教学方法，这几种教学方法的相互联系、相互作用、互相补助，可以提升教学方法的整体效果。

综上所述，行动导向指导的教学策略设计包括了教学环境的分析、教学媒体的选择、教学方法的运用。要根据具体教学活动选择合适的教学策略，教学策略必须能促进教学目标的实现，与教学内容保持一致。

（五）对教学评价的分析

教学评价是对教学价值的判断，主要以教学目标为依据，判断学习者在学习前后产生的变化是否符合教学期望。

传统的教学评价主要以考试、作业为主，美国兴起的第四代教育评价提出了"共同构建、全面参与、多元价值"的评价思想，国内学者也对教学评价进行了新的思考与实践。以行动导向为指导的教学评价强调多元主体作用的评价方法。多元主体包括个体、小组、教师。

1. 个体评价

个体评价是指学习者对自己的评价，包括自我评价、反思评价和自测评价。自我评价要求有预先制定好的评价标准，主要对知识的掌握程度、技能的熟练程度进行自评。反思评价以反思记录的方式对自己进行评价，主要针对自身的学习态度、问题的解决方式等进行分析。自测评价是利用自测题目对自己的知识掌握情况进行检测，相比较于前两种方法来说，是一种客观的评价方式，属于结果性评价。

2. 小组评价

小组评价包括自我评价（类似个体评价中的自我评价）、组内评价、角色评价与组间评价。组内评价是指小组成员之间进行互评，侧重于组员的参与、贡献情况，可以在自我评价的基础上进行，属于过程性评价和结果性评价相结合的评价方式。角色互评是指扮演一定的角色对结果进行评价，如扮演质量检测员对药品合格情况进行评价，同时能够提高学生的评价能力。组间评价是指各个学习小组之间的评价，可以依据一定的标准进行评价，可以以对手的身份进行评价。

3. 教师评价

教师评价包括量化评价、比较评价、生成评价和图像评价等。量化评价是教师根据统一的评价表逐项进行打分评价，往往要和学生评价以及小组评价进行结合，相对来说比较烦琐。比较评价是教师对各个学习小组进行比较，分析各组的优缺点，主要以学习目标为评价的依据。生成评价是教师针对学习过程中的"为什么"进行提问式评价，培养学生发现问题的能力，往往也可以引出新的学习任务。图像评价是教师利用学习过程中拍摄的照片等图像资料，对学习过程进行展示、点评，培养学生发现问题、分析问题的能力，也能引导学生关注隐性的知识点。

三、行动导向理念的生物化学典型教学设计方案

下面以生物化学课程为例，进行行动导向理念的生物化学实践教学课程的方案设计。

（一）建立总体知识框架

首先，围绕着生物化学专业的技能需求，高校对生物化学的课程标准做出规定。学习单元、课程内容与要求、教学方法与建议如表 7-1 所示。

表7-1　生物化学实施性课程标准

编号	学习单元	课程内容与要求	教学方法与建议
1	绪论	正确理解生物化学的概念；了解该课程要讲解的内容；了解生物化学与专业的关系	结合专业及生活实际讲解
2	蛋白质化学	掌握蛋白质的组成、结构及重要性质；熟悉蛋白质结构与功能的关系；了解蛋白质的提取、分离、纯化的原理和方法；了解蛋白质相关知识在生物药物生产中的应用	多媒体展示图片，增强直观性；教学中可采取讲授法、演示法、讨论法；实验采取分组实验法
3	核酸化学	掌握核酸的组成、结构及重要性质；掌握核酸的提取及制备原理及方法；了解核酸的相关知识在核酸类药物生产中的应用	多媒体展示图片，增强直观性；教学中可采取讲授法、演示法、讨论法；实验采取分组实验法
4	酶	掌握酶促反应的特点、酶的化学本质及组成、影响酶促反应速度的因素及其作用原理；掌握酶的专一性，学会检查酶的专一性的方法及原理	多媒体展示图片，增强直观性；教学中可采取讲授法、演示法、讨论法；实验采取分组实验法
5	维生素	掌握水溶性维生素与辅酶的关系；了解维生素的结构、性质及缺乏症	结合生活实际讲解
6	生物氧化	掌握 NADH 呼吸链和 FAD 呼吸链的组成及排列顺序；熟悉 ATP 的两种生成方式	教学方法可采用启发式讲授法、讨论法、分组实验操作
7	糖的代谢	掌握糖酵解、有氧氧化的主要途径及其生理意义；熟悉糖的生理功能、血糖的概念来源和去路	结合专业需要，有针对性地讲解；教学方法可采用讨论法、演示法及实验法
8	脂类代谢	掌握脂肪分解代谢过程及生化功用；熟悉酮体的生成及利用特点；了解脂类的储存、动员和运输及脂类代谢的紊乱。	结合实例讲解；教学中可采用讨论法、调研归纳及实验法等。

续　表

编号	学习单元	课程内容与要求	教学方法与建议
9	蛋白质的分解代谢	掌握体内氨基酸的主要脱氨基方式及氨在体内的转化；了解食物蛋白的生化功用	结合生活实际讲解
10	核酸代谢和蛋白质合成	掌握 DNA 的复制、转录过程；熟悉蛋白质的合成过程	讲授法、讨论法、多媒体演示法
11	代谢和代谢调控总论	了解各物质代谢间的相互联系及调控	归纳法、分组讨论法

由上表可以看出，生物化学的教学内容较为繁重，理论知识较多且较为抽象，如果生物化学的教学方法仍然是以较常见的讲授法为主，辅助多媒体演示，即使有些内容设计了实验，通常情况下学生也只会按部就班地做出实验结果，对实验的原理等理论知识并不进行联系思考，教学效果并不好。

（二）对重点难点知识与教学方法进行优化配置

针对以上分析的行动导向教学方法以及生物化学的重点难点知识，将重点教学内容进行归纳梳理，并设计对应的主要教学方法与主要教学内容进行合理配置，如表 7-2 所示。

表7-2　生物化学重点难点知识与教学方法的优化配置

教学内容	特点	教学方法	说明
蛋白质的分子组成与分子结构、核酸的分子组成与结构、维生素、蛋白质的分解代谢、遗传信息的传递与表达等	理论知识较多，内容琐碎	引导文教学法：在教师"引导问题"的指引下，学生必须积极主动地查阅资料，获取有意义的信息，解答"引导问题"，一步步地掌握专业理论知识	引导学生层层递进地对知识进行探究、学习
酶的性质、核酸的提取、血糖测定等	动手实践操作性较强，有独立完整的工作任务	项目教学法：将工作任务"检查酶的性质"交予学生完成，学生负责收集信息、设计与实施工作方案，最后教师与学生对项目进行综合评价	当学生具备一定的分析问题、解决问题的能力，能够基本独立完成工作任务时可以采用，侧重于对学生综合能力的培养

续　表

教学内容	特点	教学方法	说明
糖代谢、脂类代谢、维生素等	与实际生活有密切联系，能够找到典型案例	案例教学法：以糖尿病为案例，学生通过查阅指定教材、收集资料、小组研讨，最终给出糖代谢的过程及特点	学生的综合能力较强时，可以采用此方法，此方法对培养学生分析问题、解决问题以及做出决策的能力有较好效果

对于教学过程来说，教学方法并不是单一的，表格里面的教学方法是除了常规的教学方法外，主要采用的符合行动导向理念的教学方法。

（三）基于行动导向理念对各节课程进行设计

不同特点的生物化学内容可以对应不同的教学方法。若想通过行动导向理念的应用改变学生的学习现状，就必须在具体的教学设计中，强调培养学生的学习兴趣、学习习惯与学习主动性，在此基础上方能达到提高学生学习成绩的目的。以下分别以"蛋白质的结构"与"酶的性质"两节为例，进行教学方案的设计。

1. "蛋白质的结构"引导文教学设计方案（2课时）

（1）学习内容分析。蛋白质的结构在蛋白质化学这一章处于基础建构的地位，而蛋白质化学是生物化学的基础，也是学生逐步进入生物化学课程中的"敲门砖"。学生如能顺利掌握蛋白质的内容，则能平稳进入后续的学习中去；如果在学习这部分内容时出现了困难，则说明学生系统学习生物化学的能力仍有欠缺。

蛋白质结构分为四级，每一级结构都为下一级结构打下基础，层次分明，但是会出现一些新的名词。因此，在此部分应由浅入深引导学生逐步发现知识间的规律，使用引导文教学法，引导学生层层递进地去学习，最终完成教学目标。

（2）学习者分析。学生常规的学习习惯没有养成，对理论知识的学习兴趣不高，但是动手能力较强。学生的化学基础不牢固，上节课学习的内容常常会迅速遗忘。

（3）教学目标分析。

知识目标：熟悉蛋白质的一、二、三级结构的概念；熟悉主链、侧链、氨基末端、羧基末端、肽平面、亚基的概念；掌握二级结构主要形式的名称；熟

悉 α‒螺旋的结构特点，了解其他形式的特点；熟悉三级结构的次级键；领会各级结构之间的关系。

能力目标：能分析知识层次间的关系；学会归纳总结知识点。

素质目标：培养学生独立思考的能力；培养学生团队协作及交流沟通的能力。

（4）教学过程（表7‒3）。

表7‒3　"蛋白质结构"一节的教学过程

教学环节	教师活动	学生活动	设计意图
复习及引出新课（3 min）	复习提问：蛋白质的组成单位及特点；肽与肽键的概念。新课引入：肽与蛋白质有何关系？	思考问题，学生发言	让学生养成课前预习、课后复习的学习习惯
发放引导文（2 min）	发放引导文	领取引导文并核实签字	强调工作流程，让学生熟悉行动导向理念下的引导文教学方法的主要文件
讨论工作方案（15 min）	解决、回答疑问	制定工作方案，确定各工作任务的负责人	让学生参与课堂教学，锻炼学习自主学习的能力，培养发现问题、解决问题的能力
实施任务（45 min）	个别指导，把控工作进展节奏	各小组依据各自的工作方案开展工作：以教材中的内容为主，以向教师提、交流讨论或者上网查阅资料为辅，解决引导文的各个问题	进一步强化学生参与课堂的意识，学生的口头表达能力有限，借助画图帮助思考与记忆；锻炼学生对知识的理解与分析的能力，强调团队的合作；学生喜爱智能手机的上网功能，借此可以引导其合理利用智能手机作为学习的工具
作品展示汇报（23 min）	点评，选择优秀的作品存档	各小组对作品进行展示、介绍	锻炼学生口头表达能力，同时作为自评、互评等评价的依据之一
布置作业（2 min）	课后习题；完成蛋白质结构小报	记录作业	小报可以在课堂作图的基础之上延伸获得，深化了学习效果，有利于学生课后复习及进一步探究

（5）制作学习评价表（表7-4）。

表7-4   "蛋白质结构"行为导向教学后的学习评价表

项目内容		组别及成员	班级	日期
蛋白质结构				
一级指标	二级指标	自评（20%）	互评（30%）	师评（50%）
资源运用（10）	能否运用多种渠道收集资料，能否对资料进行选择使用			
学习态度（10）	主动、严谨细致、学习热情、有克服困难的勇气与信心			
团队协作（10）	是否服从分配、互帮互助、起带头作用、耐心诚恳听取他人意见、对他人正确评价、勇于发表自己的意见			
自主学习（20）	是否提前预习，能否独立解决问题（包括完成作业），能否按时完成任务，能否进行自我评价、矫正、反思			
项目参与度（10）	是否能积极参与任务，对任务的贡献程度如何，对学习任务顺利完成是否起到促进作用			
作品贡献度（10）	对作品的参与情况，是否对作品进行创作和修改			
其他能力（10）	学习能力提升、学习方法改进、创新能力等			
综合得分				

（6）教学小结与反思。学生第一次采用引导文教学法上课，比较新鲜，兴趣高涨。不少学生都具备一定的绘画功底，将引导文所要完成的绘图任务完成地较好，为了进一步完成引导文的内容，又在绘画的基础上认真分析结构的名称，为了在展示过程中不用讲稿就能讲清楚，又反复对相关概念、内容进行记忆，这样就一步步实现了主动学习、带着目的性进行学习的目标。学生愿意学，

效果就比较理想。当然也有个别学生不时走神，不能深入参与，但是对于这种教学方法的第一次尝试来说，整体上还是成功的。

本次课程的学习内容理论性较强，排序比较靠前，通过对学生的分析可知：学生的各方面综合能力比较薄弱，基础化学知识也被大量遗忘，并且学生对与化学相关联的知识产生了惧怕感。但是，在学习过程中不可避免地要用到基础化学知识，并且要求学生对蛋白质的结构牢固掌握，以利于后续知识的学习，因此，在教学过程，利用引导文教学法设计了以绘图为基础的学习任务，学生的关注点落在绘图上。在学习过程中，学生为了把图画得美观又科学，围绕各个概念进行了热烈的讨论，有的层次较好的学生还利用了图书馆借来的科普性书籍。虽然也有一部分学生注意力不够集中，不能完全沉浸在教学活动中，但是比起以往的"教师挥汗如雨，学生昏昏沉沉"的学习场景还是进步了许多。在教学评价环节中，学生在既定的时间内对小组的学习成果进行了展示与说明，为了保证教学效果，展示的时候由学生组内推荐，推荐的是综合能力较好的学生，但是教师同时指出，后续的课堂展示环节，大家要轮流上台展示或者随机抽签，体现组内的凝聚力，给所有的学生压力，以期转化为主动学习的动力。

在教学过程中严格按照教学设计的步骤完成了完整的教学任务。学习内容的特点是循序渐进，与行动导向下的引导文教学法十分匹配。在专业课程的任务教学体系中，仍然需要科学知识的铺垫与串联，这些知识在某些专业课程的教学过程中曾被刻意忽视或省略，导致学生的知识系统不完善，对工作任务也造成了一定的误区与盲区。因此，引导文教学法是行动导向理念下对科学知识学习与引导的一种比较合适的方法，适合用于理论知识相对较强的专业知识课程的教学。

2. "酶的性质"项目教学设计方案（4课时）

（1）学习内容分析。酶的性质这部分内容建立在酶的结构和功能基础之上，虽然内容不多，但是需要学生理解记忆，而且还与后续酶类生物药物的生产密切相关。因此这部分内容十分重要。常规的教学方法是将酶的性质以理论课的形式讲解完毕后，再利用实验对理论知识进行巩固，效果并不理想。因此将这部分内容设计成项目教学，将理论融合到实践中。

（2）学习者分析。学生通常无法将理论与实践融会贯通，学知识时就是背诵，做实验时就追求赶紧做完。学习理论知识时兴趣不大，做实验时虽然兴致高昂，但是也只是一步步按照实验步骤将实验做完，追求得出实验结果的一点成就感，并没有在实验过程中将理论知识进行巩固复习。

（3）教学目标分析。

知识目标：对酶的专一性、高效性、敏感性有认知；掌握导致酶失活的理化条件。

能力目标：能根据要求查阅相关资料，构建合适的实验方案；能结合实际情况对实验方案进行选择或改进。

素质目标：学会分析资料的能力；学会团队合作与交流。

（4）教学过程（表7-5）。

表7-5 "酶的性质"一节的教学过程

教学环节	教师活动	学生活动	设计意图
复习及引出新课（5 min）	酶的分子组成；酶的活性中心；酶作为生物催化剂有何特点？	思考问题，学生发言	让学生养成课前预习、课后复习的学习习惯
布置项目任务（8 min）	指明项目任务是通过实验检验酶的性质，通过查阅资料、设计方案进行验证	听取项目任务	项目的内容不多，确保学生能够完成；教师明确项目的任务，帮助学生养成认真聆听的习惯
收集信息（55 min）	给出几套简单的实验方案	选择小组感兴趣的方案进行学习，通过进一步查阅网络相关资料、与教师探讨、小组内讨论等方式，对方案进行修改，明确每一个实验的步骤，并配制试剂，寻找配套实验仪器	锻炼学生自主学习的能力，培养发现问题、解决问题的能力
实施任务（65 min）	个别指导，把控工作进展节奏	各小组依据各自的实验方案进行实验，记录实验结果，分析实验是否能验证相关理论、实验是否成功，并对需要改进的步骤进行讨论、改进	让学生在项目任务中真正动手操作，动脑思考；让学生成为课堂的主体，通过自主的实验与探索，获得学习的成就感；强调团队合作精神，让学生学会自我调节与修正

续　表

教学环节	教师活动	学生活动	设计意图
展示汇报（50 min）	点评，选择优秀的作品存档	各小组对设计的实验进行讲解，结合实验结果进行展示	锻炼学生口头表达能力
布置作业（2 min）	完成实验报告；对其余小组的实验方案进行评价或者改进	记录作业	实现评价的多元化，并且在互评的基础上深化对实验原理的理解

（5）学习评价表（表7-6）。

表7-6　"酶的性质"行为导向教学后的学习评价表

项目内容		组别及成员	班级	日期
酶的性质				
一级指标	二级指标	自评（20%）	互评（30%）	师评（50%）
资料收集（10）	能否运用多种渠道收集资料，能否对资料进行选择使用			
学习态度（10）	主动、严谨细致、学习热情、有克服困难的勇气与信心			
团队协作（10）	是否服从分配、互帮互助、起带头作用、耐心诚恳听取他人意见、对他人正确评价、勇于发表自己的意见			
自主学习（20）	是否提前预习,能否独立解决问题（包括完成实验报告），能否按时完成实验，能否进行自我评价、矫正、反思			
项目参与度（10）	是否能积极参与项目方案设计，对实验方案的贡献程度如何，对实验顺利完成是否起到促进作用			
实验正确性（10）	实验的结果正确与否，是否存在安全隐患			
其他能力（10）	学习能力提升、学习方法改进、创新能力等			
综合得分				

（6）教学小结与反思。学生第一次接触自己设计实验方案的项目，十分茫然。除了下发的实验提纲外，应用智能手机进行查阅资料的能力仍然比较欠缺。虽然上次课布置了这节课带一些生物化学实验相关的书籍来，但是只有两名同学去图书馆借阅了相关书籍。这说明学生主动学习的积极性较低，只等着教师将实验步骤讲解完毕后按部就班地进行实验。而行动导向理念下的教学活动要求学生自主学习与探究，以学生的"行动"为核心，以主动学习为推动力，完成教学任务，获取相关知识。项目教学是在学生具备一定的分析问题、解决问题能力的基础上设计的，学生基本能够独立完成工作任务。"酶的性质"这部分内容建立在蛋白质性质的基础上，但是又有不同，因此比较适合采用项目教学法。

但是在此次学习过程中，学生的准备不够充分，在挑选、设计实验时束手无策。教师可以采用两种策略：一是不断地进行实验，从而找到恰当的实验方法。但这一策略比较盲目，时间不可控。二是寻找实验的原理，根据原理选择比较合适的实验来验证酶的性质，但是这一策略要求学生自学能力较强。学生在听取教师的意见后采取了自己认为比较合适的方法，有的小组计划每个实验都做一遍，有的小组先找出相关材料进行自主学习。总之，学习、实验都变成了学生自身的需求，而非教师布置的任务，课堂气氛十分活跃，教师面对的问题也层出不穷。计划在采用此次教学设计方案进行授课时，一定要预先检查学生的课前准备情况，并且根据学生对学习策略的选择，将全班临时分为两大组，一些简单的问题可以在组内消化，教师不要对同一个问题回答多次，以节约时间用于深入探究。

参考文献

[1] 朱江. 大学生就业指导 [M]. 北京：中国人民大学出版社，2013.

[2] 施良方. 学习论 [M]. 北京：人民教育出版社，2008.

[3] 宋思扬，楼士林. 生物技术概论 [M]. 3 版. 北京：科学出版社，2007.

[4] 刘志强. 高等学校实践教学改革与研究 [M]. 哈尔滨：哈尔滨工程大学出版社，2007.

[5] 朱圣庚. 生物技术与当今社会 [M]. 广州：广东教育出版社，2007.

[6] 约翰·桑切克. 教育心理学 [M]. 周冠英，王学成，译. 北京：世界图书出版公司，2007.

[7] 刘群红，李朝品. 现代生物技术概论 [M]. 北京：人民军医出版社，2006.

[8] 王妙. 实践课业教学 [M]. 上海：立信会计出版社，2006.

[9] 刘春生，徐长发. 职业教育学 [M]. 教育科学出版社，2006.

[10] 韩延明. 新编教育学 [M]. 北京：人民教育版社，2006.

[11] 李宏翰. 心理学 [M]. 桂林：广西师范大学出版社，2005.

[12] 俞仲文. 高等职业技术教育实践教学研究 [M]. 北京：清华大学出版社，2004.

[13] 俞仲文，刘守义，朱方来，等. 高等职业技术教育实践教学研究 [M]. 北京：清华大学出版社，2004.

[14] 朱清时. 21 世纪高等教育改革与发展 [M]. 北京：高等教育出版社，2002.

[15] 查有梁. 教育模式 [M]. 北京：教育科学出版社，1999.

[16] 周德俭，李创第，刘昭明. 地方院校面向应用本科人才培养的实践教学体系构建与实践 [J]. 黑龙江高教研究，2011，3：165-167.

[17] 刘立明. 生物工程专业实践教学体系构建与实践[J]. 广东化工，2010，37（1）：179-181.

[18] 张靖方. 地方高校实践教学体系建设研究 [J]. 白城师范学院学报，2010，12（6）：92-94.

[19] 牛佳. 试论高等师范院校实践教学体系的构建 [J]. 内蒙古农业大学学报，2010，5（12）：122-124.

[20] 张艺，郭艳，杨华，等. 生物工程特色专业实践教学体系的构建 [J]. 教学改革与实践，2010（6）：73-75.

[21] 周庞荣，于训全. 高职软件技术专业实践教学体系构建 [J]. 职业教育研究，2009，11（1）：108-109.

[22] 刘俊华，姚志刚. 高校生物类专业实践教学体系建设的思考 [J]. 廊坊师范学院学报，2009，9（6）：113-117.

[23] 阎晓菲，对山·白肯，刘文，等. 生物技术专业实践教学体系的探索与实践——以新疆农业大学科学技术学院为例 [J]. 新疆职业大学学报，2009，10：68-70.

[24] 刘鹏飞，辛秀兰，张俊如. 建设以"生产型实训"为主体的生物技术实践教学体系 [J]. 中国现代教育装备，2008（12）：128-130.

[25] 张晋，马庆发. 高职实践教学的理论基础研究 [J]. 河北师范大学学报，2008，10（1）：127-131.

[26] 周亚平，金卫根，陈传红，等. 地方院校生物类专业实践教学体系的构建与实践 [J]. 东华理工大学学报，2008，27（1）：87-90.

[27] 郭淑英，马金贵. 园林技术专业实践教学体系改革与探索 [J]. 唐山职业技术学院学报，2008（1）：35-38.

[28] 刘桂林，柴素芬，周立斌，等. 新建地方本科院校生物类专业实践教学体系的构建 [J]. 惠州学院学报，2008，28（4）：98-101.

[29] 王建平. 德国教师教育的特点及启示 [J]. 教学与管理，2007（7）：76-78.

[30] 丁春邦，杨婉身，马恒东. 生物科学专业实践教学体系的构建与实践 [J]. 高等农业教育，2007（11）：65-67.

[31] 张英彦. 实践教学的理论基础探析 [J]. 科学大众：科学教育，2006（9）：50-52.

[32] 康涛，黄华彩，彭泉开. 建立实践教学体系，提高实践教学水平 [J]. 江西农业大学学报（社会科学版），2004，3（2）：138-140.

[33] 左彦鹏. 美国社区学院的发展历程及办学经验 [J]. 中国职业技术教育，2003（11）：56-58.

[34] 于华. 浅谈大学实验教学的改革 [J]. 大学物理实验，2003，16（1）：81-83.

[35] 张玫，潘志忠，赵艳. 浅析土木工程专业的实践教学改革 [J]. 沈阳建筑大学学报，2008，10（3）：373-375.

[36] 刘金龙，李长花，王青，等. 土木工程专业实践教学体系的改革探索 [J]. 合肥学院学报，2010，20（4）：93-96.

[37] 王建华. 论学科、课程与专业建设的相关性 [J]. 学位与研究生教育，2004(1)：21-24.

[38] 张群. 课程建设与专业建设的关系 [J]. 理工高教研究，2005，24（6）：90-92.

[39] 杨毅敏. 高校实验教学改革与创新人才培养 [J]. 海南大学学报自然科学版，2003，21（1）：87-90.

[40] 刘玉梅. 高校实验教学及实验教学管理 [J]. 长春理工大学学报综合版，2006（4）：73-74.

[41] 王若虹. 利用人才成长规律培育高技能人才 [J]. 经济师，2009（8）：210

[42] 刘磊，傅维利. 实践能力：含义、结构及培养对策 [J]. 教育科学，2005，21(2)：1-5.

[43] 吴志华，傅维利. 实践能力含义及辨析 [J]. 上海教育科研，2006（9）：23-25.

[44] 江晰，金安江，段德君. 理农结合科教融合培养生物学创新人才 [J]. 中国大学教学，2009（2）：51-53.

[45] 赵明刚. 美国高校的实践教学模式评析 [J]. 教育评论，2011（1）：156-158.

[46] 雷正光. 德国双元制模式的三个层面及其可借鉴的若干经验 [J]. 外国教育经验，2000（1）：78-80.

[47] 宋克慧，田圣会，彭庆文. 应用型人才的知识、能力、素质结构及其培养 [J]. 高等教育研究，2012（7）：94-98.

[48] 江捷. 英国高校实践教学的启示 [J]. 理工高教研究，2007，26（3）：40-41.

[49] 徐立臻. 爱尔兰高等教育对我国高校教学实践环节改革的借鉴意义 [J]. 中国大学教学，2006（4）：59-61.

[50] 吴中江，黄成亮. 应用型人才内涵及应用型本科人才培养 [J]. 高等工程教育研究，2014（2）：66-70.

[51] 林明辉. 基于能力导向的民办高校应用型人才培养模式研究 [J]. 现代教育管理，2014，21：956，974.

[52] 郑志明，李川伟. 新就业形势下独立学院应用型人才培养模式的探讨 [J]. 社会保障，2011（22）:163.

[53] 吕栋腾. 高职机电一体化专业实践教学体系的研究与探索 [J]. 职业技术，2012（8）:23.

[54] 张红星，谢远红，刘慧，等. 地方高校应用型人才培养实践教学体系的构建研究——以北京农学院为例 [J]. 教育教学论坛，2014（44）:92-95.

[55] 姚永聪. 高职实践教学体系的构建研究 [D]. 杭州：浙江师范大学，2012.

[56] 刘晶. 新建地方本科院校实践教学体系研究 [D]. 南昌：江西师范大学，2012.

[57] 卞钮. 新建应用型本科高校实践教学研究 [D]. 南京：南京师范大学，2011.

[58] 王晋. 高等职业教育实践教学体系构建研究 [D]. 上海：华东师范大学，2008.

[59] 王媛. 高职教育的实践教学体系研究 [D]. 石家庄：河北工业大学，2008.

[60] 张闯. 我国应用型本科教育实践教学研究 [D]. 南昌：南昌大学，2007.

[61] 孟欣征. 高职高专以就业为导向的实践教学体系建设研究 [D]. 兰州：西北师范大学，2006.